UNE RICHESSE RURALE

LA RUCHE

MÉTHODE NOUVELLE ESSENTIELLEMENT PRATIQUE

Destinée aux Habitants des Campagnes

CONTENANT UNE

APPRÉCIATION RAISONNÉE DES PRINCIPAUX PROCÉDÉS ANCIENS & MODERNES

PAR

A. VIGNOLE

Président de la Société d'Apiculture de l'Aube
Membre de la Société centrale d'Apiculture et d'Insectologie générale
Ayant présidé les Congrès internationaux qui ont eu lieu à Paris en 1868, 1872 et 1874
Lauréat de la Médaille d'Honneur décernée au Concours international, à Paris
en 1865, etc., etc., etc.

OUVRAGE ORNÉ DE GRAVURES

Publié sous les auspices de la Société d'Apiculture de l'Aube.

CHEZ L'AUTEUR
A Beaulieu, près Nogent-sur-Seine (Aube)
A PARIS
AUX BUREAUX DE L'APICULTEUR, RUE MONGE, 59
Et dans les Librairies du département de l'Aube.

UNE RICHESSE RURALE

LA RUCHE

MÉTHODE NOUVELLE ESSENTIELLEMENT PRATIQUE

Destinée aux Habitants des Campagnes

CONTENANT UNE

APPRÉCIATION RAISONNÉE DES PRINCIPAUX PROCÉDÉS ANCIENS & MODERNES

PAR

A. VIGNOLE

Président de la Société d'Apiculture de l'Aube
Membre de la Société centrale d'Apiculture et d'Insectologie générale
Ayant présidé les Congrès internationaux qui ont eu lieu à Paris en 1868, 1872 et 1874
Lauréat de la Médaille d'Honneur décernée au Concours international, à Paris en 1865, etc., etc., etc.

OUVRAGE ORNÉ DE GRAVURES

Publié sous les auspices de la Société d'Apiculture de l'Aube

CHEZ L'AUTEUR
A Beaulieu, près Nogent-sur-Seine (Aube)
A PARIS
AUX BUREAUX DE L'APICULTEUR, RUE MONGE, 59
Et dans les Librairies du département de l'Aube.

LA RUCHE

AVANT-PROPOS

Les discussions fort vives et parfois passionnées qui se sont élevées depuis un certain temps, sur la forme des ruches et sur les procédés de culture, ne dénotent que trop la faiblesse de l'enseignement et l'impuissance des moyens pratiqués.

La discussion, ce foyer de toute lumière, s'égare inévitablement lorsqu'elle n'a pour guide que la richesse de l'imagination ; elle subit alors d'étranges entraînements qui conduisent souvent à de fausses appréciations, et par suite à des déceptions. Pour remédier à ces sortes d'hallucinations, il est nécessaire que chaque ouvrier apporte sa pierre à l'édifice commun.

Au point où en sont les choses, il est impossible à un nouveau venu de pouvoir reconnaître le bon chemin, dans cette nuit factice qu'a faite l'antagonisme; peut-être me pardonnera-t-on d'avoir essayé de déblayer la voie qui doit conduire au but. Ma longue expérience personnelle, mon contact avec une foule d'apiphiles distingués, semblent m'autoriser à élever la voix pour appeler l'attention sur mes procédés.

Sous l'influence de cette pensée, je me suis décidé à résumer les enseignements d'une longue pratique. Pendant plus de trente années, j'ai expérimenté des procédés fort renommés; aucun d'eux ne m'a satisfait; loin de répondre à mon attente, ils ne m'ont guère donné que des déboires. Il devait en être ainsi, puisque l'enseignement n'était pas mûr. De guerre lasse, j'ai enfin rompu les lisières qui me faisaient trébucher à chaque pas, et marchant résolument à la recherche de moyens nouveaux, je fus amené insensiblement à reconnaître que certains axiomes érigés en principes, comme base de culture, loin de développer son essor, ne pouvaient que l'entraver.

Tous les apiculteurs ne disent-ils pas?

Si l'on fait des récoltes de miel, on ne peut avoir d'essaims, et *vice versa;* si l'on pousse à essaims, on ne récolte pas de miel. L'un exclut l'autre.

Cependant, cet aphorisme est tout bonnement une erreur capitale; c'est le fruit logique de nos méthodes imparfaites et de nos habitudes empiriques.

A cet axiome erroné, je substitue celui-ci, bien autrement fécond :

La reproduction de l'abeille doit se faire par l'essaimage, sans nuire à la récolte du miel.

J'espère le démontrer.

Cette erreur n'est pas la seule à détruire; il en est d'autres nées de l'irréflexion, consacrées par le temps, qui exercent une influence d'autant plus nuisible au progrès que personne ne songe à les attaquer. Je les signale et je les combats résolument.

Enfin, à l'essaimage naturel, à l'essaimage par division verticale, à l'essaimage tardif sans définition précise et méthodique, j'oppose l'essaimage *anticipé avec permutation multiple,* reposant sur des préceptes rationnels et invariables.

Voilà la partie neuve et originale de ce travail.

En ce qui touche les instruments de culture, je me garde bien d'imposer ou d'exclure telle ou telle forme de ruche, parce que je suis fortement convaincu que l'on peut faire de l'apiculture progressive et productive avec toutes les bonnes ruches composées, à rayons mobiles ou à rayons fixes. Je me borne à indiquer mes préférences et les conditions essentielles qui doivent guider en cela, laissant à la sagacité et au goût de l'apiculteur le soin de prendre une décision.

Je m'attache spécialement aux principes qui doivent servir de base à la culture de l'abeille, et j'en déduis les conséquences rigoureuses sur lesquelles ma méthode est fondée.

En commençant ce travail, mon intention n'était pas de composer un traité d'apiculture. Je voulais seulement faire connaître les principes d'un procédé de culture avantageux entre tous ; mais en prescrivant ce qu'il fallait faire pour réussir, j'ai bientôt senti combien il était nécessaire d'aborder toutes les notions élémentaires de la pratique, et de faire une appréciation raisonnée de tous les procédés anciens et nouveaux les plus connus. Mon cadre s'élargissait ainsi malgré moi, toutefois, ne voulant pas me laisser entraîner trop loin, je me suis efforcé de condenser le plus possible, tout ce qu'il importe de savoir, sans rien omettre d'essentiel.

Aussi, ai-je évité avec soin d'entrer dans le détail de construction des ruches, même de celles les plus en vogue. Je n'ai pas voulu parler de tous ces outils, de tous ces engins, de toutes ces inventions ingénieuses qui peuvent charmer les loisirs de l'amateur sans être d'une application pratique sérieuse. J'ai voulu réduire à leur plus simple expression toutes les opérations du rucher et du laboratoire.

Dès lors, j'ai dû diviser mon ouvrage en trois parties :

La 1re est consacrée à l'exposé de ma méthode, et des considérations qui l'ont fait naître.

La 2e est l'abrégé raisonné des soins à donner aux abeilles, des précautions à prendre et des opérations à faire au rucher.

La troisième partie comprend les travaux du laboratoire, l'extraction, la manipulation et l'épuration des produits.

VIGNOLE.

Beaulieu, le 2 Mai 1875.

INTRODUCTION

L'apiculture est une science peu appréciée, parce qu'elle est peu connue ; les agronomes la dédaignent, parce qu'ils subissent la puissance des préjugés, parce qu'ils ne l'ont pas étudiée et qu'ils ignorent la richesse qu'elle comporte.

Ils ne se doutent pas que les produits de l'abeille : miel et cire, pourraient s'élever annuellement dans notre belle France, à des centaines de millions, si nous savions la multiplier et la cultiver.

Ils ne se doutent pas que la moindre métairie pourrait se faire facilement, suivant les ressources des localités, un revenu de cinq à six cents francs, mille à douze cents et plus ; ils ne savent pas, la plupart du moins, que cet insecte rend à l'agriculture des services inappréciables ; non-seulement il donne son miel à celui qui sait le recueillir, il joue encore un rôle considérable sur la fécondation des fleurs : dans ses évolutions rapides, il prend à celle-ci la poussière fécondante qu'il porte à celle-là et qui, sans son secours, resterait stérile. C'est ainsi que dans notre ignorance nous ne voyons pas la main qui nous vient en aide.

Il est vrai que cette science ne fait que de naître. Depuis un temps immémorial, la culture de l'abeille n'a guère été qu'un procédé routinier, éloignant d'elle les cultivateurs sérieux qui veulent avant tout savoir ce qu'ils font.

Des résultats toujours incertains, capricieux, tantôt d'une abondance extraordinaire, tantôt complètement nuls; la richesse aujourd'hui, la ruine demain, ne méritaient guère que l'on s'en occupât au point de vue spéculatif.

Cependant des hommes que rien ne rebute, s'en sont sérieusement occupés et dans certaines contrées mellifères, comme le Gâtinais, ils ont fini par trouver des procédés réellement lucratifs ; malheureusement ces procédés ne peuvent se pratiquer fructueusement que dans les pays bien favorisés, et présentent d'ailleurs des inconvénients graves.

Enfin il semble que l'on veuille se mettre sérieusement à l'étude : des publications spéciales paraissent, des livres surgissent de toutes parts, apportant tour à tour leur contingent de science et d'ignorance, d'utopies et de bons conseils, mais malgré ces efforts, et malgré quelques bons ouvrages sur la matière qui nous occupe, l'enseignement pratique est encore vague, mal défini ; les procédés varient à l'infini, preuve évidente de leur imperfection. Il faut bien le dire, c'est encore le chaos : il faut en tirer la lumière.

L'abeille est l'amie du pauvre dont elle adoucit l'infortune ; il faut qu'elle devienne l'amie du riche dont elle augmentera la jouissance. Jusqu'ici elle n'a guère trouvé d'asile que sous le toit champêtre, dont après tout elle paie largement l'hospitalité ; il faut qu'elle ait désormais à la ferme, près de l'agneau qui bondit, sous le tilleul qui ombrage l'enclos, un endroit tranquille, où elle puisse élever en sûreté sa famille bénie ; si l'agneau donne sa toison blanche, si le tilleul produit ses fleurs parfumées, l'abeille donne son rayon de miel.

Il faut que la grande culture se l'adjoigne, se l'assimile, il n'y a pas une seule localité qui s'y refuse absolument. Il faut que l'instituteur à son école, que le curé à son presbytère, fassent à l'abeille l'honneur de la pelouse verte ou de la corbeille de fleurs, il faut que ces utiles initiateurs la préconisent et la fassent aimer. Qu'ils s'y adonnent résolument, et je leur garantis qu'au plaisir de rendre service aux autres, se joindra encore la récompense matérielle.

La science a fait des découvertes précieuses, elle nous a révélé la puissance et les aptitudes de l'insecte ; ces connaissances sont maintenant suffisantes pour permettre à la pratique de formuler des méthodes rationnelles ; mais ces méthodes ne sont pas formulées ; il faut un enseignement qui conduise l'apiculteur comme par la main, cet enseignement manque : c'est une lacune que ce travail cherche à combler.

Ce n'est pas un traité d'apiculture rempli d'une érudition vaine, ce n'est pas une compilation plus ou moins savante, plus ou moins ingénieuse, ce n'est pas non plus un rêve doré que je viens présenter à mes concitoyens : c'est le fruit d'une longue pratique, c'est le résultat de mes observations, de mes essais, de mon travail.

C'est une méthode de culture simple, facile, basée sur les mœurs, les aptitudes, l'instinct, la puissance et les besoins de l'insecte ; cette culture émanant de principes sûrs, soumise à des règles invariables, donne toujours des résultats relatifs certains.

Le principe est si simple que l'on est tenté de se demander comment il se fait qu'on n'y ait pas encore songé; il est si rationnel, que des difficultés et des problêmes réfractaires qui font le désespoir de l'apiculteur, se trouvent tout naturellement résolus de la façon la plus radicale et la plus avantageuse.

Lorsqu'en 1864, je me joignis à d'honorables amis pour fonder la Société d'apiculture de l'Aube, je disais aux praticiens en renom qui hésitaient, aux industriels qui ne voulaient pas : Ne craignez rien pour la prospérité de votre industrie, le bien que vous ferez aux autres par vos communications vous sera rendu au centuple, la discussion augmentera votre savoir, l'émulation vous poussera en avant ; on gagne toujours à faire le bien..... Hélas ! c'était la voix qui crie dans le désert, il a fallu lutter contre des tendances égoïstes et la lutte dure encore ; et pourtant, j'étais dans le vrai.

J'ai reçu la récompense de mes efforts, j'ai recueilli dans ces réunions d'hommes du métier des enseignements que je n'eusse peut-être jamais trouvés sans cela.

En industrie, comme en matière sociale, l'égoïsme est un intérêt mal entendu ; c'est toujours une faute, c'est souvent un crime.

Ce que je pensais alors, je le pense encore aujourd'hui : je pense que celui qui a été assez heureux pour découvrir dans le champ du travail des connaissances qui peuvent être utiles aux autres, ne doit pas se demander s'il est de son intérêt de les communiquer... son devoir l'y oblige.

C'est mon excuse aujourd'hui.

Cultivons l'abeille ! cette culture est une source féconde ; en cultivant cet insecte privilégié, nous trouvons le bien-être matériel ; en l'étudiant, nous recueillons l'enseignement moral.

Réunissons donc nos efforts pour le multiplier.......

on cultive avec engouement, et je ne m'en plains pas, le lapin puant, le canard vorace, l'oie gourmande et criarde, le dindon stupide, et l'on dédaigne l'abeille ! ! Quelle est donc la cause de la répulsion dont elle est l'objet ?.... Son aiguillon !.... Mais le cheval, le taureau, le bélier, ont des armes bien autrement redoutables.

Laissant de côté toutes les dissertations plus oiseuses qu'utiles qui se débitent chaque jour depuis longtemps sur la forme des ruches, abandonnant aux savants les discussions scientifiques, je vais aborder résolument le *côté pratique* de cette industrie, ne rappelant de la physiologie de l'abeille que ce qu'il faut en savoir pour la cultiver avec entendement.

Cette tâche est ingrate, il faut être bien convaincu pour l'entreprendre, ce n'est pas rien que de heurter des habitudes séculaires, des préjugés, des partis pris, des amours-propres blessés et les préventions ou les engouements qui s'attachent à tout ce qui est nouveau.

Cependant je me décide ; j'ai déjà émis quelques-unes de mes idées dans les bulletins de la Société d'apiculture de l'Aube ; je les soumettais alors à l'examen des praticiens ; depuis elles ont mûri, elles ont fait leurs preuves et aujourd'hui je les donne comme des faits acquis à la science apiculturale.

EXAMEN

DES

Divers Modes de Culture les plus connus.

Jetons, si vous le voulez bien, un coup-d'œil rapide sur les principaux procédés en usage, afin de constater leurs imperfections et la nécessité d'y apporter remède.

Il est inutile de remonter aux anciens, leurs procédés sont mal connus et malgré leur amour pour l'abeille, ils ne nous ont guère laissé que des souvenirs poétiques. L'Allemagne, l'Italie, la Suisse, brillent moins dans les questions pratiques que dans les recherches scientifiques ; et les procédés d'outre-mer ne nous sont pas assez connus pour pouvoir les apprécier à leur valeur. C'est donc ici, en France, pays d'ailleurs essentiellement productif entre tous, qu'il faut chercher nos principaux enseignements.

Une coutume bien répandue en France et même à l'étranger, dont l'origine remonte dans la nuit des temps, est de laisser agir la nature : la ruche essaime à son heure et à sa guise, quelquefois modérément, d'autrefois rarement, le plus souvent avec excès, puis lorsque la miellée ne donne plus, que le couvain est tombé, on tue la ruche par le soufre pour prendre ce qu'elle contient.

Les inconvénients de ce procédé vicieux sont grands ; les essaims primaires ne réussissent guère tous que dans les bonnes années, parce qu'ils se produisent généralement lorsque la floraison de la principale fleur mellifère est trop avancée ; les deuxièmes et troisièmes essaims sont toujours des non-valeurs, et la ruche mère, épuisée par sa fécondité, ne donne plus à l'apiculteur qu'un produit insignifiant, quand elle ne meurt pas de *la teigne,* avant de mourir par le soufre.

Ce n'est pas tout, il faut garder la ruche pendant de longs jours, et malgré cette surveillance, il faut se résigner, chaque année, à voir quelques essaims fuir au loin, en se riant de leur gardien qui s'épuise en vains efforts pour les retenir.

On fut longtemps sans trouver le moyen de remédier à ces graves inconvénients, peut-être avait-on été plus longtemps encore sans s'en préoccuper.

On imagina les récoltes partielles : pour pratiquer ces récoltes sur les ruches d'une seule pièce, on les renverse et on leur enlève tout leur superflu, et comme le miel est au fond, il faut nécessairement enlever une grande partie des rayons.

Si l'on opère en été, les abeilles ne peuvent pas toujours remplir le vide fait et le miel qui se perd en assez grande quantité, les attire et provoque le pillage.

Si c'est au printemps, on expose le couvain qui se trouve dégarni, à un refroidissement qui peut lui être funeste, on prive la ruche de ses provisions et de ses *bâtisses* au moment où elles lui sont le plus nécessaire.

Cette dernière pratique assez répandue est qualifiée de rajeunissement, il serait plus exact de dire appauvrissement.

Mieux inspiré, on inventa des ruches à tiroirs, à

hausses, à cadres, qui permettent de récolter sans faire couler le miel.

Lombard, qui donna son nom à sa méthode vint encourager ces efforts et les améliorer, il présenta un corps de ruche mobile à plancher massif, percé de quelques trous, surmonté d'un couvercle bombé, mobile, permettant de faire la récolte partielle par le haut, sans déchirure de rayon. Cette amélioration n'était pas sans inconvénient, la mère montait parfois dans la calotte, y pondait et le pollen amoncelé près du couvain altérait le miel, et trop souvent encore les abeilles formaient deux groupes : l'un dans la calotte, l'autre dans le corps de ruche et l'agglomération était rompue.

Bientôt Radouan substitua au corps de ruche Lombard, des hausses à claires voies. C'était encore la récolte partielle par l'enlèvement successif de la calotte et des hausses supérieures. La ruche s'agrandissait par le bas à mesure des besoins ; les hausses inférieures finissaient par devenir hausses supérieures ; de la sorte les édifices se renouvelaient, mais fort lentement. La cave devenait grenier, et les cellules des mâles finissaient par se trouver dans le nid à couvain où il ne doit y avoir que des cellules d'ouvrières.

Toutes ces améliorations successives ne suffisaient pas ; l'essaimage amoindri subsistait encore avec tous ses inconvénients, et les attentions et les soins multipliés que réclamaient ces méthodes, firent qu'elles ne purent être admises par les grands producteurs qui veulent sûreté et célérité.

Bientôt surgirent dans les grands centres de production des procédés simples et faciles, basés sur les ressources des lieux.

La Normandie ayant des fleurs mellifères successives, chercha à combiner ses moyens d'action ; pour les utiliser, elle adopta une ruche en deux compartiments, à peu près semblable à la ruche écossaise, dont la partie la plus grande, d'une capacité très-restreinte, contient à peine le couvain et les provisions qui lui sont nécessaires, tandis que la partie supérieure, avec laquelle elle communique par le haut, au moyen d'un trou de 8 à 10 centimètres, reçoit forcément toute la récolte aussitôt qu'elle se produit ; cela ne peut être autrement. La partie inférieure contenant dix-huit à vingt litres, remplie de couvain, de pollen et de quelques provisions, n'a plus de place pour recevoir le miel ni même la ponte de la mère qui se trouve arrêtée. Les abeilles alors s'adonnent entièrement à la récolte.

Voilà des résultats certains et bien séduisants : mais sont-ils aussi avantageux que semble le démontrer ce simple exposé ? D'abord, la sortie des essaims (ou la reproduction de l'insecte), est supprimée ou simplement amoindrie, et si elle se produit, elle est en pure perte pour l'apiculteur qui n'y veille pas ; ensuite, et c'est là l'inconvénient le plus grave, la mère ne peut guère utiliser que la moitié de ses forces génératrices ; il est facile de s'en rendre compte : une ruche de vingt litres contient quarante-sept décimètres carrés, dont un tiers au moins est occupé par les provisions et les deux tiers par le couvain ; par conséquent, comme dans une ruche régulièrement construite, il n'y a guère que les deux tiers d'alvéoles d'ouvrières, il faut déduire des trente-un décimètres carrés restants, les alvéoles qui ne peuvent recevoir du couvain d'ouvrières, il ne restera donc plus que vingt-un décimètres à utiliser pour la reproduction ; eh bien! comme un décimètre carré contient environ huit cent cinquante-quatre alvéoles d'ouvrières, l'espace disponible ne pourra recevoir que dix-huit mille œufs de travailleuses au plus dans l'intervalle de vingt-un jours ; mais on sait aujourd'hui que pendant le moment de la grande ponte, ce résultat peut être doublé et par conséquent la récolte pourrait être doublée ou triplée.

On peut objecter, il est vrai, que les abeilles pondues au moment de la récolte du colza, ne seraient pas en état d'aller butiner sur cette fleur et nuiraient à la récolte; le plus grand nombre ne le pourraient pas; mais elles se dédommageraient sur le sainfoin qui vient après et prendraient une large revanche.

Les intelligents producteurs du Gâtinais ont sans doute aperçu ce côté faible du procédé normand, car ils ne l'ont pas adopté ; cependant ils calottent aussi, mais pas de la même manière : leurs ruches sont plus grandes, leur capacité varie de trente à cinquante litres, suivant l'usage des lieux où ils les ont achetées. Aussitôt que la miellée se manifeste, la ruche pleine de couvain est renversée l'orifice en l'air et recouverte immédiatement d'une autre ruche vide d'abeilles, mais remplie de rayons de cire où la récolte s'emmagasine avec une prodigieuse rapidité.

Les résultats sont riches ; malheureusement ils sont obtenus aux dépens de la reproduction de l'insecte, peu ou point d'essaims ; après la récolte des bâtisses les ruchées sont transvasées et supprimées, et de la richesse d'hier, il ne reste plus rien que des trévas tardifs qui souvent ne paient pas les frais faits pour eux.

Toute médaille a son revers : après avoir empli ses poches, il faut les alléger quelquefois énormément pour aller acheter au loin des ruchées vivaces afin de reconstituer les apiers détruits. Tout n'est pas bénéfice et certes on pourrait faire mieux.

D'un autre côté, ces procédés qui *paraissent* si lucratifs pour ceux qui les pratiquent, sont peut-être plus funestes pour la conservation de l'insecte mellifère que l'étouffage si justement condamné. Les ruches étouffées ont au moins donné des essaims avant de mourir et ici rien. Il ne suffit pas de produire, il ne faut pas détruire la source des produits.

Récolter beaucoup de miel, c'est fort bien ; mais il ne faut pas voir les choses aussi *terre à terre,* il faut regarder un peu plus haut que le bout de son nez ; pour avoir du miel, il faut conserver l'insecte qui le donne. Où en serions-nous si partout on s'arrangeait de cette façon-là !

Fort heureusement, à côté de l'homme d'argent qui s'efforce de remplir sa bourse à tout prix, il y a le penseur, qui cherche dans le silence et le recueillement la solution des problèmes posés.

Les Huber, les Schirach, les Swammerdam, les Contardi, les Réaumur, etc., découvrirent des secrets merveilleux, ils déchirèrent le voile qui cachait les mystères de la fécondation ; ils constatèrent les mœurs, la puissance, les aptitudes de ce précieux insecte et mirent ainsi à la portée de tout le monde les éléments de la science apiculturale ; il ne restait plus aux praticiens qu'à étudier ces éléments, à les coordonner afin d'en tirer des moyens d'action assez puissants pour multiplier l'insecte, le soumettre et diriger ses travaux. Cette tâche, qui semblait si facile, n'est pas encore remplie. Grâce à ces chercheurs, nous savons qu'une colonie d'abeilles se compose de trois sortes d'individus, ayant des aptitudes et des fonctions distinctes : l'abeille mère ou femelle parfaite, l'abeille ouvrière, femelle atrophiée et le faux-bourdon ou mâle.

Ces trois sortes d'êtres ont des différences physiques qui les font facilement reconnaître.

Abeille ouvrière. — L'abeille ouvrière (*fig*. 1 et 2), est plus petite que les autres ; ses ailes recouvrent son corps presque tout entier ; ses trois paires de pattes, très remarquables, sont garnies de brosses qui servent à réunir les parcelles éparses de pollen et à les entasser dans le cueilleron ou cavité de la paire postérieure. La tête triangulaire, porte sur les côtés deux gros yeux à facettes, et sur le front trois autres petits yeux. La partie inférieure de la tête est armée d'une sorte de trompe qui sert à aspirer le miel et de mandibules et de mâchoires puissantes appropriées aux travaux divers dont elle est chargée.

(*Fig. 1.*) Ouvrière vue en repos.

(*Fig. 2.*) Ouvrière vue au vol.

Abeille mére. — L'abeille mère (*fig*. 3), est plus grosse et beaucoup plus longue que l'ouvrière. Ses pattes plus liées n'ont ni brosses ni cueillerons; ses ailes, relativement courtes, ne recouvrent qu'une partie du corps et laissent à découvert presque la moitié de l'abdomen qui est volumineux et allongé.

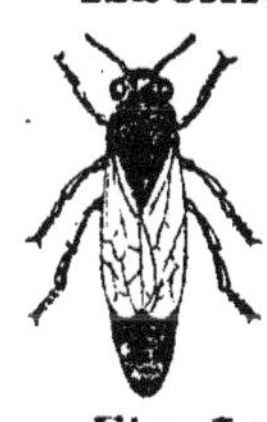

(*Fig. 3*) Abeille mère.

Faux-bourdon ou abeille mâle. — Le faux-bourdon ou mâle (*fig.* 4 et 5), est un peu plus long et beaucoup plus gros que l'abeille ; sa tête est ronde, ses ailes sont larges ; ses pattes sont dépourvues de brosses et de corbeilles.

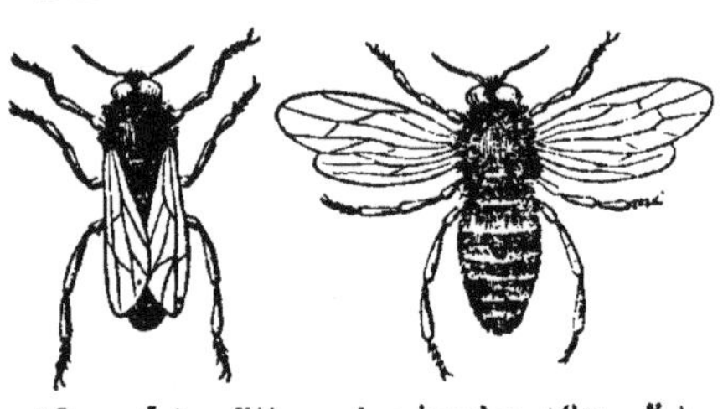

(*fig.* 4.) Mâle ou faux-bourdon (*fig.* 5.)
vu au repos. vu au vol.

L'abeille mère, ou femelle fécondée est chargée exclusivement de la reproduction, elle pond successivement, à volonté, les œufs d'ouvrières, ceux de mâles et enfin ceux de mère.

La ponte des ouvrières dure presque toute l'année, au printemps elle prend un développement prodigieux qui s'accentue de plus en plus, à mesure que l'on approche du moment de l'essaimage ; il peut s'élever chez les fortes ruchées à deux mille, deux mille cinq cents et même trois mille œufs par jour dans les beaux moments de la grande ponte, ainsi qualifiée parce qu'elle est destinée à la régénération de la colonie, c'est-à-dire à la formation des essaims ; cette émission extraordinaire se produit sous notre latitude pendant les mois d'avril et mai, un peu plus tôt un peu plus tard, suivant les influences atmosphériques. La ponte s'amoindrit vite et cesse après la récolte, s'il n'y a pas de fleurs mellifères aux champs ; elle reprend s'il en survient et se produit toujours en raison des ressources mellifères.

La forte ponte de mâles se produit aussi aux approches de l'essaimage, elle commence quand la grande ponte des ouvrières est à son apogée ; elle est infiniment moins importante et peut cependant s'élever jusqu'à trois et cinq mille.

La ponte des œufs qui doivent produire les femelles ou mères, est très-restreinte, quelques alvéoles seulement y sont destinées, elle suit le même ordre, elle se fait à peu près vers le milieu de la ponte des mâles.

La durée de l'incubation et de la métamorphose de l'insecte est réglée ainsi : l'œuf de l'ouvrière met trois jours à éclore, il en sort un ver ou larve qui vit cinq jours sous cette forme, met environ deux jours à filer sa coque et à se transformer en nymphe, reste dix jours dans cet état et sort de sa prison insecte parfait le vingt-unième jour.

L'œuf de mâle attend aussi trois jours pour éclore, le ver est six jours en cet état, trois jours à filer sa coque et douze jours sous forme de nymphe, il naît au bout de vingt-quatre jours.

L'œuf femelle éclot au bout de trois jours, est larve pendant cinq jours, met un jour à filer sa coque, reste deux jours en repos, quatre jours en nymphe et vient à la vie entre le quinzième et le seizième jour.

Phénomène bien remarquable, l'œuf qui doit produire une ouvrière et celui qui est destiné à donner le jour à une mère, sont identiques : c'est-à-dire qu'ils ont la même puissance reproductive, à l'état latent ; l'œuf d'ouvrière produit une mère si on lui donne un berceau et une nourriture suffisante.

Si par un accident quelconque ou par le fait de

l'homme, une ruche vient à se trouver sans mère et sans alvéoles maternels, les abeilles choisissent parmi les jeunes larves d'ouvrières celle qui devra repeupler la colonie ; elles agrandissent son berceau aux dépens des cellules voisines, lui donnent une nourriture spéciale et la jeune larve acquiert la puissance reproductive.

Ce phénomène joue un grand rôle dans la pratique.

Un autre point dont il est bon de conserver le souvenir, c'est que la jeune femelle, naturelle ou artificielle, recherche les approches du mâle le septième jour après sa naisssance, et pond ses premiers œufs quarante-six à quarante-huit heures après l'accouplement.

L'abeille ouvrière a pour mission d'élever le couvain, d'approprier la ruche, de construire les magasins, de les remplir et de défendre la colonie.

Le mâle doit féconder la jeune mère; ce grand acte accompli, il passe sa vie à dormir, à s'ébattre joyeusement au soleil et à festoyer aux dépens de ses sœurs.

Ces connaissances bien comprises, suffisent pour mettre l'abeille sous la puissance de l'homme.

On le sentit et on essaya, on marcha en tâtonnant comme il arrive toujours en pareil cas, on tâtonne, on cherche encore, tant l'application pratique est difficile en toutes choses.

Schirach voulut faire des essaims artificiels, en greffant dans une ruche vide, un morceau de couvain de tout âge et en plaçant cette ruche greffée à la place d'une bonne ruchée ; le noyau était trop faible, il fallait trop de permutations, trop de soins, l'idée était ingénieuse et savante, mais elle n'était pas pratique. Schirac avait donc pressenti le parti que l'on pouvait tirer un jour de sa découverte ; car c'est lui qui découvrit l'identité des œufs des mères et des ouvrières.

Gelieu proposa de séparer verticalement la ruche en deux parties égales, ayant toutes deux du couvain, des provisions et des mouches.

C'était bien séduisant et cela promettait beaucoup ; mais la pratique en démontra l'impuissance ; les forces étaient divisées et l'une des deux parties, celle qui n'avait pas de mère, se trouvait trop affaiblie et était exposée malgré sa faiblesse à essaimer quatorze jours après.

Enfin après bien d'autres essais on s'arrêta à un système qui semble présenter plus de sécurité, en apparence, et qui au fond ne vaut guère mieux.

On attend que la ruche soit bien peuplée, bien garnie de couvain d'ouvrières, de mâles, et qu'elle ait des mères au berceau de telle sorte qu'il ne peut guère se pratiquer qu'au moment de l'essaimage naturel qu'il a pour but d'empêcher.

Les uns mettent l'essaim à la place de la mère qui est portée plus loin, ce qui l'expose à périr soit par le pillage, soit par le refroidissement du couvain si elle a été trop saignée ; il est vrai que l'essaim profite.

D'autres remettent la souche à sa place, ce qui est moins dangereux, mais l'essaim est souvent trop faible.

D'autres mettent l'enfant à côté de la mère, ce qui

oblige souvent à faire de nombreuses permutations pour équilibrer les forces et éviter le dépeuplement.

D'autres enfin mieux inspirés, enlèvent l'essaim du rucher et l'emportent à une assez grande distance.

La grande difficulté est de bien saisir le joint, il faut un certain savoir-faire que tout le monde n'a pas. A cette difficulté qui a son importance s'ajoute un inconvénient non moins grave : c'est que l'on n'est plus maître du deuxième essaim, il ne sort plus à jour fixe, parce que l'opération étant faite trop tard, il peut y avoir des mères au berceau et dans ce cas le jour de la sortie n'est pas connu; d'un autre côté la souche se dépeuple et s'amoindrit.

Ainsi pratiqué, l'essaimage artificiel est loin de procurer les avantages qu'il contient en germe.

On nous dit bien que l'essaimage artificiel a un grand avantage sur l'essaimage naturel, parce qu'il peut le précéder de quelques jours; mais je ne vois nulle part de point de départ fixe, de méthode bien arrêtée, de résultats bien constatés, il est vrai que l'on nous dit qu'il faut que la ruche ait une forte population, du couvain d'ouvrières, de mâles et même de mères; mais alors il perd son avantage de précocité, il ne peut guère se pratiquer avant l'essaimage naturel, comme nous l'avons déjà fait remarquer.

Pourquoi attendre le couvain de mère, la larve de l'ouvrière ne peut-elle se transformer en mère ? Quel inconvénient peut-il y avoir à forcer l'essaim avant cette ponte ?

Dans ces derniers temps, des apiphiles enthousiastes ont prétendu trouver dans la forme des ruches le pouvoir de récolter quatre fois plus que nos bons praticiens avec tout *autre ruche;* cette prétention exagérée aurait pu avoir sa raison d'être, si au lieu de s'appuyer sur une forme de ruche quelconque, ces novateurs avaient su tirer de leur enseignement la formule d'une méthode réellement pratique et rationnelle.

DU MOBILISME.

Le coup-d'œil rapide que nous avons jeté sur les procédés des fixistes, nous a permis d'en apprécier les défauts, les avantages et leur insuffisance. Nous allons essayer également de nous rendre compte de la valeur des méthodes nouvelles, préconisées par le mobilisme. Nous aurions voulu les analyser toutes, mais leur nombre en est si grand que l'on pourrait presque dire sans crainte de se tromper beaucoup qu'il y a autant de méthodes que d'apiculteurs.

Ce travail nous obligerait à entrer dans de grands détails et à faire des citations étendues, afin d'en pouvoir comprendre le mécanisme qui est aussi compliqué qu'il est savant ; cela nous mènerait trop loin.

Nous devons donc nous borner à en faire connaître les caractères généraux ; cela suffira, pensons-nous, pour apprécier la valeur réelle des conceptions nouvelles.

Tout d'abord, il semblerait qu'en mettant en honneur la ruche à cadres mobiles, les novateurs se soient efforcés de substituer la science à la pratique, et ce qui frappe de suite, et ce qui ressort à priori de leurs écrits, c'est l'importance excessive qu'ils attribuent à cette forme de ruche, il semblerait qu'elle renferme dans ses flancs tout l'avenir de l'apiculture. Il fut un moment où l'engouement avait pris des proportions telles, que la nécessité et l'importance des méthodes ne se faisaient pas sentir. La ruche était tout, précisément dans un moment où, en réalité, elle n'était rien, à cause de ses défectuosités ; aujourd'hui que cette ruche est assez perfectionnée pour suffire aux exigences de la pratique, on sent le besoin de formuler des méthodes, on quitte le faux pour arriver au vrai. Cette évolution était inévitable, aussi demande-t-on maintenant à l'abeille de révéler ses mystères ; on étudie ses mœurs, ses aptitudes, on cherche à lui arracher le secret de sa force pour en tirer profit.

Les tendances générales ont été tout d'abord de supprimer l'essaimage, ou tout au moins de l'amoindrir le plus possible, par cette considération, qu'il a pour effet d'épuiser les souches qui donnent des esssaims, et conséquemment d'affaiblir la récolte.

Il est évident que tous les essaimages naturels ou artificiels pratiqués jusqu'à ce jour ne méritent que trop cette appréciation sévère et l'éloignement qu'ils inspirent. Malheureusement l'on se lança dans une voie nouvelle, sans réflexion suffisante, sans avoir élucidé la question, et l'on ne sut pas s'arrêter à propos ; on dépassa le but, et bientôt l'on se trouva en face de difficultés sérieuses, que devait nécessairement faire surgir l'abandon d'une ressource naturelle de la plus haute importance, que rien ne peut remplacer. La multiplication de l'insecte est une loi de nature impérieuse et absolue, à laquelle l'essaimage seul peut donner satisfaction complète. Il ne s'agit pas de le supprimer, il s'agit de le diriger.

Pour avoir méconnu cette vérité, on se trouva poussé dans une voie fausse, et de même que l'on s'était imaginé que le perfectionnement de la ruche devait suffire seul, pour donner des résultats merveilleux, l'on se persuada cette fois qu'il suffisait de supprimer les anciens us et coutumes, et de faire de la science pour atteindre à la perfection. Cependant l'on s'aperçut bientôt que les mères vieillissaient vite, que leurs forces génératrices se perdaient au grand détriment des populations ouvrières et de l'apiculture. Il fallut songer alors à se procurer de jeunes mères, afin de renouveler celles qui fléchissaient ; il fallut conjurer les désastres dont on était menacé, et suppléer aux avantages que présente sous ce rapport l'essaimage que l'on venait de supprimer ; on se mit à élever des mères, opération délicate, minutieuse, savante, qui exige certaines connaissances inconnues aux gens des campagnes, et qui ne peuvent se pratiquer utilement qu'avec la ruche à cadre qu'ils ne possèdent pas.

A part ce dernier inconvénient qui n'est pas sans gravité, on remarqua que leur rajeunissement par ce moyen ne comblait qu'imparfaitement les déficits causés par les accidents imprévus, et par la mort qui frappe parfois les colonies les plus fortes ; cela constaté il fallut bien recourir à l'essaimage que l'on pensait proscrire. On y revint, mais avec des réserves extrêmes ; on l'accepta comme un expédient nécessaire, mais dangereux, qu'il fallait se garder de développer.

On le réduisit à sa plus simple expression, c'est-à-dire qu'il fut généralement destiné à combler les vides faits par la mort.

Ne pouvant ni étudier en détail, ni même énumérer ici les divers procédés dont le génie mobiliste a doté l'apiculture, devant parler de l'élevage dans un article spécial, disons seulement quelques mots sur l'essaimage et l'on aura une idée générale, quoique imparfaite, de la façon de faire de l'école moderne.

Les uns agissant avec une circonspection extrême emploient cinq ruches pour former un essaim ; en prenant huit cadres de couvain à quatre ruches, deux à chacune, et en le mettant ensuite à la place d'une forte ruche. La réussite de ces essaims est surabondamment assurée, mais aux dépens du rendement. Ajoutons que si d'un côté ce procédé donne pleine sécurité, de l'autre, il nous paraît présenter des inconvénients. Nous ne voyons pas ce que devient la ruche rendue orpheline ; treize jours après elle sera préparée à donner un nouvel essaim. Est-ce que l'on ne tiendrait pas compte de cette situation intéressante et de ses conséquences inévitables : qui sont la ruine de la ruche si on l'abandonne à elle-même.

D'autres encore pratiquent l'essaimage par division ; nous savons ce que vaut ce mode; qu'il soit pratiqué avec la ruche à cadre mobile, ou avec la ruche à hausse !....

Il y en a aussi qui forment un essaim avec deux cadres de couvain, et le permutent avec une ruche forte, cela serait très-bien, très-rationnel, si l'on se bornait à emprunter seulement un rayon ou deux à une ruche; malheureusement il n'en est pas ainsi : on dépouille les ruches prêteuses de tous leurs cadres de couvain, moins trois ou quatre et on les abandonne à elles-mêmes. Préalablement, l'on a tué toutes les vieilles mères des ruches qui ont cédé leurs cadres; en échange on leur donne, ainsi qu'aux essaims, une jeune femelle au berceau ou sous grille.

Quelques apiculteurs divisent leurs apiers en catégories : l'une est exclusivement destinée à la récolte du miel, l'autre à la reproduction; cette dernière partie est très-restreinte et se compose de quelques ruches seulement, cinq ou six, par exemple, pour un fort rucher; ils tirent de chacune de ces ruches six ou huit essaims, qui sont ainsi que leur mère abandonnés à eux-mêmes. Règle générale, pour faire ces essaims on commence par rendre une ruche orpheline en lui enlevant un cadre de couvain garni d'abeilles et possédant la mère. C'est le premier essaim, on le met à la place de la souche qui est portée plus loin; neuf jours après on prend à d'autres ruches autant de rayons de couvain que l'on veut faire d'essaims, en plus de ceux que l'orpheline peut donner; on met ces rayons en ruchettes que l'on ferme aussitôt; le lendemain, on greffe sur le rayon de couvain qu'on y a mis la veille un des alvéoles maternels que contenait l'orpheline; on ferme encore. Ce jour-là on retire aussi de l'orpheline les cadres portant naturellement des alvéoles maternelles, on ferme chaque ruche et le lendemain l'on met tous les essaims en place.

Le point de départ, l'idée qui sert de base à cet enseignement a toute notre approbation : c'est la consécration du principe fondamental de l'essaimage artificiel que nous proposons.

Ce principe consiste principalement à supprimer ou tout au moins à amoindrir les mâles. Voilà qui est bien ; malheureusement hors de là, nous ne pouvons plus admettre les évolutions proposées, quoique ces évolutions révèlent des connaissances théoriques étendues, par cette raison que les manipulations qu'elles exigent sont trop complexes, trop multipliées et donnent trop peu de sécurité.

La formation du premier essaim est rationnelle ; cet essaim est peut-être un peu faible, mais occupant la place de sa mère et étant venu très-tôt, il a de grandes chances de réussite.

Mais nous ne pouvons en dire autant des six ou huit essaims pris à la même ruche neuf jours après. Ils sont beaucoup plus faibles que le premier et n'ont pas comme lui l'avantage d'être remis à la place de leur mère ou d'une autre ruche forte, la permutation n'étant pas admise dans ce mode de culture ; ils sont abandonnés à leurs propres forces et ces forces sont bien faibles.

Nous sommes tentés de penser que ce mode d'essaimage est pratiqué en vue de l'élevage des mères et non en vue de la production ; car dans le premier cas, de faibles populations suffisent pour réussir, tandis que dans le second des populations puissantes sont indispensables pour faire le panier. Quant aux ruchées prêteuses, nous admettons volontiers que l'emprunt du rayon de couvain qui leur est fait ne les gêne pas beaucoup ; cet affaiblissement doit produire sur elles un effet analogue à celui qui résulte de la permutation : Prolongation de la ponte des ouvrières, ajournement de la ponte des mâles et de ce que l'on appelle la fièvre d'essaimage ; mais ce n'est qu'un ajournement, le besoin d'essaimer se fait bientôt sentir ; que faire alors ?

D'un autre côté, il n'est pas toujours certain que l'unique alvéole maternel laissé ou greffé au rayon puisse aboutir ; la certitude, certainement, n'est pas complète, et l'obligation de revenir trois jours de suite au rucher pour parfaire l'opération, entraîne une perte de temps et donne un surcroit de travail qui me paraît regrettable.

Ainsi donc, ce procédé ingénieux, quoique s'appuyant sur la connaissance parfaite de la puissance de l'abeille, quoique présentant des manipulations faciles à faire, ne saurait être admis dans la pratique sans subir des modifications sérieuses, très-faciles, du reste, à réaliser, dont une des plus importantes serait de fortifier les essaims par la permutation, puis de supprimer l'élevage et le greffage des mères que l'on peut remplacer par des moyens très-naturels, et cela sans amoindrir la récolte.

Mais hâtons-nous de le dire, cette méthode de culture ne vise pas qu'à l'essaimage ; l'essaimage n'est guère, ce nous semble, qu'un moyen accessoire dont le but principal serait de rajeunir les mères et de combler les quelques vides que la mort fait annuellement dans les apiers.

C'est une sorte de sacrifice fait à la récolte, qui permet de disposer de toutes les fortes colonies du rucher et d'en diriger les forces en vue d'un rendement supérieur. Conséquemment au lieu de favoriser l'essaimage on s'y oppose autant que possible en agrandissant les ruches au fur et à mesure des besoins, en remplissant les vides par des cadres pleins de rayons d'ouvrières et en ne laissant pas dans la ruche le moindre bout de rayons à alvéoles de mâles. La ruche ainsi conduite, ayant un espace toujours suffisant et n'ayant pas de mâles, n'éprouve pas le besoin d'essaimer ; toutes ses forces actives sont dirigées vers la récolte qui n'est pas gaspillée par ces parasites ; le rendement atteint ainsi tout son maximum.

Tel est, pensons-nous, à quelques variantes près, la base et les visées de la culture mobiliste, se résumant par cet aphorisme : peu d'essaims pour avoir beaucoup de miel.

Que l'on veuille bien nous permettre de faire ici une remarque.

Il est avéré que le *maximum de récolte est toujours atteint par la ruchée bien peuplée qui n'a pas de mâle à nourrir, ni de couvain à élever*.. . Mais est-il bien vrai qu'il faille pour cela renoncer aux avantages précieux de l'essaimage ?

Ne peut-on pas par des procédés simples et rationnels mettre les ruches dans les bonnes conditions productives dont nous venons de parler, et leur faire produire en même temps de bons essaims sans amoindrir la récolte ?

Le maximum du produit serait alors singulièrement augmenté, et nous sommes convaincu que ce résultat peut être obtenu.

Il nous semble inutile de pousser plus loin cette analyse, qui même en l'étendant à d'autres procédés analogues, ne peut faire entrevoir qu'une partie de ces conceptions séduisantes, plus scientifiques que pratiques. Pour les apprécier convenablement, il est indispensable de consulter les ouvrages spéciaux.

Certes, nous acclamerions de grand cœur tous ces procédés ingénieux, s'ils pouvaient être mis à la portée du savoir, de l'intelligence et de la bourse de tout le monde ; s'ils étaient ramenés à la simplicité pratique, s'ils avaient réellement la rationnalité qu'on leur attribue, s'ils n'étaient pas l'apanage exclusif d'une seule sorte de ruche, et si, enfin, ils donnaient véritablement des produits supérieurs à tous les autres procédés.... Mais en est-il ainsi ?

Sans doute on a fait de grands progrès depuis quelques années, les principes fondamentaux d'une bonne culture ont été proclamés et acceptés par la généralité des apiculteurs, c'est beaucoup, mais ce n'est pas assez, car il ne suffit pas de formuler un principe, il faut savoir l'appliquer, et l'application pratique, en toute chose, est fort difficile.

On nous donne des procédés qui ne peuvent être mis en pratique qu'avec des ruches spéciales fort coûteuses et qui se trouvent, sous bien des rapports, inabordables au vrai producteur, à l'homme des campagnes.

Dire ou reconnaître qu'un procédé de culture ne

peut être pratiqué qu'avec une seule sorte de ruche, n'est-ce pas prononcer sa condamnation et affirmer son imperfection ?

N'est-ce pas, ce qui est plus grave, entraver le développement de l'apiculture ? Car il ne faut pas se faire illusion ; l'amateur ne reculera pas devant la dépense d'un outillage nouveau, mais le petit producteur le fera-t-il ?

Alors même qu'il le pourrait ou qu'il en aurait le désir, il se gardera bien d'en venir là, tant que cette prétendue supériorité ne sera pas clairement prouvée.

La ruche à cadre mobile a sa spécialité incontestable : l'observation, l'élevage des mères, laissons-lui cette qualité et n'allons pas jusqu'à lui attribuer une supériorité productive qu'elle n'a pas. Ne décourageons pas nos campagnards en cherchant à leur faire accroire que l'on ne peut produire beaucoup qu'avec une seule sorte de ruche, et avec les pratiques applicables seulement à cette ruche ; ne créons pas de difficultés inutiles, efforçons-nous, au contraire, à leur présenter des enseignements simples, à leur portée, qu'ils puissent comprendre et pratiquer même avec leurs ruches.

Je ne prétends pas dire que les praticiens distingués de l'Amérique, les Quemby, les Galup, les Aidair, les Grimm, n'obtiennent pas aujourd'hui avec la ruche à cadre des récoltes fort supérieures à celles qu'ils obtenaient autrefois avec les autres ruches, non je ne prétends pas nier cela ; mais je crois pouvoir demander si ces résultats avantageux sont dus à la ruche ou à la méthode ?

Se tromperait-on en les attribuant à la méthode ?

Ne peut-on pas se demander aussi, avec quelque raison, si les méthodes employées exclusivement avec la ruche mobile sont parfaites ; ne peuvent-elles être améliorées ?

Ne peut-on pas se demander encore si le renouvellement, l'élevage, le greffage des mères, si leur fécondation et leur acceptation ne peuvent pas être heureusement modifiées, suppléées ou même supprimées ?

Nous pouvons d'autant mieux nous demander cela que les réflexions que nous avons faites plus haut nous démontrent surabondamment l'excessive complication de ces procédés, la difficulté de les pratiquer avec toutes les ruches usuelles et l'impuissance où ils se trouvent de répondre à tous les besoins de la culture.

Il est évident que les mobilistes ne sont pas fixés sur leur méthode ; chacun suit son inspiration, on hesite, on tâtonne, on essaie.

Un point cependant sur lequel les fixistes et les mobilistes semblent être d'accord, c'est la suppression de l'essaimage ou du moins son amoindrissement dans les limites les plus étroites. Ils vont évidemment outre les lois de la nature, dont la principale est la multiplication des espèces, loi essentielle de progrès et de prospérité.

Et pourquoi cela ?

Parce que l'essaimage divise les colonies et les épuise.... ! Mon Dieu non ! La véritable raison que l'on n'avoue pas, c'est que toutes les méthodes connues sont défectueuses et ne comportent pas ce perfectionnement, source de vie et d'avenir....

Les fixistes, embourbés dans leurs vieilles habitudes, s'efforcent en vain d'en secouer le joug ; ils améliorent, mais lentement, très-lentement ; les mobilistes subissent, eux, les entraînements de la nouveauté...

Jusqu'ici ils n'ont vu que le maniement des cadres ; il fallait rendre ce maniement facile ; il fallait empêcher les adhérences et la propolisation ; ils ont été subjugués par l'absolue nécessité d'avoir des cadres bâtis ; cette nécessité a absorbé leur attention et a détourné leurs regards de l'essaimage ; ils n'ont pas vu tous les avantages qu'il offrait particulièrement et ils se sont privés d'une ressource immense.

L'essaimage pouvait leur permettre la récolte totale, et par suite la récolte des rayons de cire nouveaux dont ils ne peuvent se passer. Cette suppression de l'essaimage les a forcés à imaginer le renouvellement artificiel des mères et les a jetés dans ces combinaisons savantes qui flattent l'amateur, mais qui ne font pas l'affaire du praticien.

Un autre motif, particulier aux mobilistes, les empêche encore ; ils ne veulent pas d'essaims parce que la multiplication même momentanée des colonies, entraînerait dans une augmentation de matériel considérable ; il faudrait des cadres bâtis pour former les colonies nouvelles et ce n'est pas une petite affaire, surtout quand on ne produit pas de cire.

Et pourquoi ne produit-on pas de cire ?

Parce que cette production coûte trop cher, parce qu'elle ne peut se faire qu'en amoindrissant la récolte du miel..... Erreur regrettable que des calculs de cabinet ont fait naître et que l'on a acceptée aveuglément sans songer à la comparer aux faits pratiques.

L'abeille est née pour élaborer la cire comme elle élabore le miel ; dans l'état de nature la dépense de matières transformées, considérée en elle-même est insignifiante, c'est le temps qui est précieux.

Donner des bâtisses en temps opportun pour que l'emmagasinement ne s'arrête pas, pour que la ponte ne soit pas suspendue, c'est tout. Nos actives ouvrières se chargeront du reste, elles prolongeront leurs rayons ou en feront de nouveaux sans efforts, sans qu'il y paraisse et satisferont ainsi en se jouant, un besoin impérieux qu'il est peut-être plus nuisible qu'on le pense de supprimer, la sécrétion de la cire.

Tout a sa raison d'être dans la nature ; dirigeons mais ne supprimons pas.

Est-on bien logique lorsqu'on veut des bâtisses et que l'on fait tout pour n'en pas produire.

On veut des populations puissantes et l'on s'efforce de ne pas les multiplier.... !! Il est pourtant évident que si vous doublez le nombre de vos colonies à un moment donné, vous doublez le nombre des mères pondeuses, et par conséquent vous doublez celui des populations qu'elles engendrent.

Pourquoi donc supprimer l'essaimage ?

En le supprimant vous ne pouvez faire que des récoltes partielles, sur les ruches que vous affaiblissez au-delà même de ce que vous leur prenez ; en le pratiquant, on récolte entièrement autant de ruches que l'on a de bonnes colonies nouvelles. Non-seulement la suppression de l'essaimage enlève ces ressources précieuses, elle empêche le renouvellement naturel des mères; aussi les mobilistes qui tiennent, avec raison, à ne posséder que des mères jeunes et vigoureuses, sont-ils obligés d'avoir recours à des moyens extraordinaires pour y suppléer, tandis qu'avec l'essaimage le renouvellement du rucher se fait naturellement, sans efforts, sans manipulations spéciales.

Ils sont obligés, eux, de faire naître des mères, de les élever, de les faire féconder, de les faire accepter, de suppléer enfin par des expédients aux lois de la nature qui pousse à la reproduction par l'essaimage, qui est certainement un des grands moyens de prospérité.

L'idée fixe qui les tient dans cette voie fausse, c'est la conservation indéfinie de leurs rayons, leur méthode actuelle ne permettant pas de s'en procurer de nouveaux. Il serait pourtant si facile de les faire pousser naturellement. Cette impuissance n'est-elle pas encore une preuve d'irrationnalité et n'appelle-t-elle pas un remaniement sérieux ?

Ils ne voient pas que l'élevage des mères auquel ils sont obligés de se livrer pour remplacer l'essaimage n'est autre chose qu'un essaimage bâtard compliqué, nécessitant des appareils spéciaux qui ne sont pas à la portée des ressources de tous les possesseurs de mouches.

C'est sur ces questions délicates et importantes que doit se porter désormais toute l'attention des apiculteurs.

Que conclure de tout ce qui précède ?

C'est que les mobilistes, avec leurs riches conceptions, ne sont pas plus avancés que les fixistes au point de vue productif; leur temps est-il moins gaspillé? Non; leur argent est-il plus économisé? Non; leur intelligence est-elle moins tendue? Non; leurs récoltes sont-elles plus abondantes? Non, mille fois non.

Il y a chez eux plus de science, il n'y a pas de résultats positifs plus grands. L'examen des divers procédés qui nous sont connus et dont nous venons de dire quelques mots ne nous démontrent-ils pas que les uns et les autres n'ont que des méthodes imparfaites qui ne répondent pas suffisamment aux besoins de la culture et qui ne sont pas à la hauteur des connaissances scientifiques acquises.

Le nœud gordien n'est donc pas encore tranché? Et cependant, nous le constatons avec bonheur, les hommes avancés sont tous d'accord sur les points qui servent de base à la culture rationnelle; tous ont le même point de départ, comment se fait-il que tous diffèrent sur les moyens d'actions?

Tous veulent des populations fortes et précoces.

Tous réclament l'emploi des bâtisses, la suppression des mâles, tous veulent des ruches de grande capacité, variables selon les besoins.

Il est évident qu'il ne s'agit plus que de donner à ces principes fondamentaux le développement logique qu'ils réclament, l'élan est donné ne nous arrêtons pas.

Si jusqu'ici les efforts des hommes de savoir et

d'intelligence ont été insuffisants pour atteindre le but cherché, s'ils sont encore en désaccord sur les pratiques productives, ce n'est pas une raison pour nous décourager et abandonner la lutte par une fausse modestie ou par une trop grande défiance de nous-mêmes. Le hasard a ses caprices qui parfois aident et devancent la science.

Que l'on nous pardonne nos réflexions critiques. Il n'est jamais entré dans notre pensée de chercher à nier ou à amoindrir les résultats déjà obtenus, nous nous plaisons, au contraire, à les constater et à attribuer aux savants chercheurs de l'Allemagne et de l'Amérique la part la plus large dans la découverte scientifique moderne, mais ces découvertes sont plus scientifiques que pratiques et si la science a parlé, si elle a posé des jalons, c'est à la pratique à déblayer maintenant la voie tracée, afin que le travailleur ne s'égare pas dans des chemins de traverse.

De la nécessité de l'essaimage et de sa précocité. — Cherchons, mais pour que nos recherches soient fructueuses, efforçons-nous de tirer des faits et des enseignements acquis, la force, la cohésion indispensables pour élucider toutes ces questions complexes et arriver à la solution désirée.

D'abord, établissons bien notre point de départ :

Pour prospérer en apiculture, il faut posséder des populations fortes au printemps, avons-nous dit, tout le monde en convient, parce que les essaims précoces sont toujours bons et que les essaims tardifs sont toujours faibles ou sans valeur. Si les populations développées par le nourrissement sont plus précoces, elles sont aussi plus puissantes, elles donnent des essaims plus actifs et plus forts ; de là la prospérité.

L'essaimage naturel ne peut répondre à ces besoins puisque les essaims se produisent généralement tard et dans des conditions de faiblesse qui empêchent le plus grand nombre de réussir.

Il est vrai qu'en poussant à la ponte par le nourrissement artificiel, on pousse à l'essaimage naturel précoce. Oui, mais l'essaimage naturel précoce ne peut avoir lieu sans développer la multiplication des mâles, ce qu'il faut éviter.

Or, comme il est acquis que le grand nombre des mâles amoindrit le rendement, on ne peut attendre que l'essaimage naturel se produise ; il faut donc abandonner ce mode et recourir à un moyen qui supprime ou du moins amoindrisse considérablement le nombre de ces parasites.

L'essaimage artificiel répond à ce besoin.

Ce n'est pas tout : s'il est important que l'essaimage arrive de bonne heure pour être bon, il est non moins important que les souches mères qui ont produit les essaims restent populeuses, afin de conserver pour la récolte une force suffisante ; il faut encore que l'essaimage soit limité et que les essaims secondaires ne viennent pas appauvrir la ruchée.

Il ne faut pas perdre de vue ces considérations importantes d'où dépend la prospérité culturale.

Non-seulement il faut des populations fortes au printemps, il faut qu'elles le soient pendant la récolte, et qu'elles le soient encore à l'hivernage.

Pour entretenir cette force, il est évident qu'il faut favoriser la multiplication de l'insecte mellifère.

Pour multiplier les apiers, il faut multiplier les mères, et pour obtenir ce résultat il faut développer l'essaimage au lieu de le supprimer.

La vie de l'abeille est courte, elle ne revoit pas deux printemps. Il faut nécessairement une multiplication continuelle pour réparer les pertes de chaque jour.

La force de reproduction dont est doué cet insecte nous indique clairement ce que nous avons à faire ; c'est évidemment de donner à cette force toute l'extension possible, et rien au monde ne saurait mieux que l'essaimage développer cette puissance.

Cela est incontestable, et puisque en doublant vos colonies par l'essaimage vous doublez les mères pondeuses, vous doublez vos populations, il faut donc le pratiquer.

Supprimer l'essaimage, c'est amoindrir la multiplication, et par conséquent diminuer les forces de production et de conservation de l'abeille.

Donc l'essaimage est nécesaire, indispensable, c'est le but indiqué par les lois de la nature et la manifestation logique de leur puissance.

Or, si l'essaimage est nécessaire, l'essaimage anticipé s'impose. Reste à établir les lois qui doivent le régir.

Ces lois sont bien simples :

Faire l'essaim très-tôt pour qu'il soit fort.

Empêcher l'épuisement de la ruchée qui l'a produit.

Rétablir ses forces en supprimant les causes de l'affaiblissement.

Mettre obstacle à la naissance des mâles.

Limiter le nombre des essaims.

N'agir que sur des ruchées fortement pourvues de couvain.

Développer la ponte.

On dirait qu'il suffit d'énoncer ce simple programme pour en réaliser l'application, tant il paraît facile, et cependant, jusqu'ici, on s'est heurté contre des difficultés que l'on n'a pu surmonter encore.

Cerchons donc :

Nous venons de voir dans cet examen rapide que les procédés les plus intelligemment conçus, ne remplissent pas, à des degrés divers, toutes les conditions d'une culture parfaite, tant s'en faut ! et que les efforts tentés pour remplacer l'essaimage ou pour le supprimer sont impuissants ou dangereux. Secouons donc la poussière des vieux errements, enlevons la rouille des préjugés qui nous paralysent, et marchons résolument en avant sans regarder en arrière.

Posons fermement cet axiome :

L'abeille doit *se reproduire par l'essaimage sans nuire à la récolte du miel.*

Est-ce possible ?... On dit : non ; l'un exclut l'autre. C'est ce que nous allons examiner. Il est évident, comme nous l'avons dit, qu'avec les procédés de culture actuellement pratiqués, c'est impossible, absolument impossible ; les ruches dépeuplées par l'essaimage, empêchées par l'élevage du couvain, ruinées par les faux-bourdons, sont impuissantes pour la récolte, c'est certain.

Mais si l'on pouvait empêcher le dépeuplement des mères, si l'on pouvait limiter le nombre des essaims que doit donner la souche, si l'on pouvait instantanément remplir les vides que l'essaimage fait dans la population, si l'on pouvait la débarrasser des faux-bourdons et la dispenser d'élever du couvain, la position alors ne serait-elle pas complètement changée, et par conséquent l'impossibilité d'hier ne se changerait-elle pas aujourd'hui en possibilité fructueuse ?

Non-seulement ce changement est possible, il est facile à obtenir. Le dépeuplement des mères, résultat déplorable de l'essaimage naturel et de l'essaimage artificiel mal conduits, peut être radicalement empêché. Pour cela il suffit d'enlever la souche de son siége, au moment où elle vient de donner son essaim, et de la porter sur le siége d'une ruche bien peuplée, dont les butineuses qui sont aux champs, viennent promptement réparer avantageusement les vides faits par l'essaimage.

Cette ruche ainsi fortifiée, n'ayant plus à s'occuper que de la récolte, amassera plus qu'une autre.

Non-seulement cette ruche amassera plus de miel que si elle n'eût pas essaimé, elle aura encore l'avantage d'être limitée dans son essaimage, elle ne donnera plus qu'un deuxième essaim, et elle le produira à jour fixe, connaissance bien importante pour l'apiculteur. Permutée de nouveau à cette deuxième émission, elle conservera ou plus exactement retrouvera des forces suffisantes pour continuer fructueusement sa moisson. Cette ruche ainsi conduite n'a plus de mère pondeuse, depuis l'enlèvement de son premier essaim. Cette situation qui serait funeste en toute autre circonstance est ici très-avantageuse, parce que les abeilles n'ayant pas de nouvelles larves à soigner, peuvent employer toutes leurs forces à la récolte.

Si la ponte des ouvrières peut être ainsi suspendue sans inconvénient, et même avec avantage pour la récolte dans la ruche de reproduction, on peut tout aussi facilement, et avec non moins d'avantage, supprimer la ponte des mâles, et cela sans avoir recours à l'emploi de tôle perforée, de bourdonnières et autres expédients ; il s'agit tout bonnement de recueillir l'essaim avant la grande ponte des mâles, la ruche alors n'ayant ni à élever ni à nourrir des faux-bourdons, fait forcément de grandes économies, et se trouve placée dans des conditions de prospérité exceptionnelle.

En agissant ainsi, la ruche mère, toujours fortement peuplée, n'a point de couvain à soigner, est débarrassée du pillage latent des faux-bourdons, et se trouve limitée dans son essaimage.

Ces points importants sont acquis incontestablement.

Il est donc facile d'améliorer la position toujours si précaire des ruches-mères et de faire succéder pour elles la richesse à la misère.

Cette transformation si importante, que je dis possible, que je dis facile et certaine, réside tout entière dans l'essaimage précoce.

Rappelons quelques considérations déterminantes. Ne savons-nous pas que la larve de l'œuf destinée à former une ouvrière atrophiée, peut être transformée en femelle parfaite.

Or, si les abeilles ont cette puissance de transformation, et si l'instinct de la conservation les pousse irrésistiblement à réparer ainsi la perte de leur mère, aussitôt qu'elle est connue, et c'est certain, il est évident que l'on n'a pas besoin d'attendre pour faire un essaim, qu'il y ait des mâles dans la ruche, ni des mères au berceau ; cette opération ne peut faire courir aucun danger à la colonie, il suffit donc pour enlever la mère avec son essaim que la ruche soit bien peuplée et possède un nombreux couvain d'ouvrières. Voilà un point important dont il faut bien se pénétrer.

Si donc nous enlevons ainsi une mère avant qu'elle ait commencé sa ponte de femelles, en d'autres termes, avant qu'il y ait des alvéoles maternels de formés, ce qui coïncide avec la grande ponte des mâles, nous aurons d'un seul coup débarrassé la ruchée d'une grande partie de ses faux-bourdons qui ne naîtront plus qu'en très-petit nombre, et nous la dispenserons des soins et des dépenses que nécessite l'élevage de ce couvain.

Cet enlèvement de la mère produira nécessairement un autre avantage non moins important, il forcera les abeilles à se donner une nouvelle mère ; elles choisiront plusieurs jeunes larves d'âges différents ; la plus jeune de ces larves qui comptera déjà 3 jours d'existence à partir du moment où l'œuf d'où elle sort a été pondu, arrivera à la vie vers le treizième jour qui suit l'orphelinat ; ce jour-là l'essaim secondaire sera mûr.

Nous aurons ainsi fixé le jour de la sortie du deuxième esssaim et nous aurons mis la ruche mère dans l'*impossibilité* d'en produire un autre ; elle ne donnera donc que deux essaims et cela par la raison toute simple et sans réplique qu'il n'y a plus de jeunes larves à transformer : elle attendra désormais qu'il plaise à son heureux possesseur de récolter ses rayons, ce qu'il fera entre le vingt-unième et le vingt-cinquième jour qui suivra la sortie de l'essaim primaire, moment où il n'y aura plus de couvain dans la ruche.

Ce n'est pas tout, il faut encore éviter le dépeuplement et réparer les pertes que l'essaimage a fait éprouver à la ruchée mère. Cette souche serait certainement épuisée comme dans l'essaimage naturel, si l'apiculteur ne venait à son secours ; la *permutation* atteint parfaitement ce but.

La permutation est l'acte par lequel une ruche cède sa place à une autre. Ici la ruche opérée cède sa place à son essaim et va prendre celle d'une forte ruche ; les travailleuses qui sont aux champs viennent en foule fortifier l'étrangère ; celle-ci répare ainsi en quelques instants la perte qu'elle a faite, et acquiert, par l'adjonction de ces butineuses, une force d'action puissante pour la récolte, qui bientôt la mettra au premier rang.

Les essaims primaires ayant pris la place de leur mère, ne sont pas exposés aux inconvénients de l'émigration, comme cela arrive dans l'essaimage naturel.

Ils seront forts parce qu'ils restent populeux et qu'ils sont venus dans la primeur des fleurs.

Par cette façon d'agir, la ponte de la mère est suspendue dans la ruche dont elle aurait gêné les travaux par une ponte intempestive de mâles qui l'auraient rongée, et se trouve utilisée dans l'essaim qu'elle suit en pondant des ouvrières qui l'enrichiront ; ce changement de ponte s'explique par l'instinct de la conservation ; dans sa ruche, elle sait qu'il faut des mâles pour féconder les jeunes mères qui vont éclore, elle en produit ; dans l'essaim, elle sait qu'il y a d'autres besoins, elle sent qu'il faut s'adonner sérieusement au travail, elle pond des ouvrières.

Pour obtenir ce double avantage, il n'est besoin ni de cantonner cette jeune mère, ni de la mettre au cachot dans sa propre maison, au milieu de ses enfants, cela se fait ici de la manière la plus simple, et, comme nous l'avons dit, la plus naturelle.

Il en est de même pour la suppression des mâles ; on a cherché vainement à s'expliquer leur grand nombre dans une ruchée ; cette prodigalité de la nature est encore un mystère, puisqu'il n'en faut qu'un pour féconder la jeune mère, qui ensuite repousse le mâle tout le reste de sa vie ; une fois ce grand acte accompli, ils sont inutiles et deviennent un fardeau : ils ne songent qu'à se pavaner et à faire bombance aux dépens de leurs laborieuses sœurs ; incapables de cueillir une goutte de miel sur les fleurs, ils s'attablent aux magasins et consomment chaque jour plusieurs mille gouttes de miel, que l'apiculteur ne retrouve plus à la récolte ; à cette perte sèche, vient nécessairement se joindre celle du miel consommé par leurs larves.

Le grand nombre de faux-bourdons est une calamité ; aussi s'est-on efforcé de trouver les moyens de les détruire. On s'est servi de tôle perforée, pour leur barrer l'entrée de la ruche et les empêcher de rentrer au logis et de bourdonnières, véritables pièges à souris qui les laissent entrer mais ne leur permettent pas de sortir ; expédients minutieux qui ne peuvent donner que des résultats partiels et qui n'empêchent pas la dépense faite par l'élevage de ce couvain ; on a été jusqu'à enlever les rayons de couvain ou à décapiter tous les mâles, opération tardive, dégoûtante, et qui n'est pas sans danger ; tous ces moyens de destruction sont ou impuissants, ou impraticables, ou dangereux.

Il y a pourtant un moyen bien simple, bien facile, bien radical dont on ne s'est pas avisé...... C'est de les empêcher de naître.

Ne savons-nous pas que la mère commence par pondre des ouvrières, et que ce n'est que quand la grande ponte de cette sorte est à son apogée ou approche de son déclin, qu'elle s'adonne à la grande ponte des mâles.

C'est le quart d'heure de Rablais, c'est le moment d'extraire l'essaim.

Il est évident que si l'on enlève la mère au moment où elle va pondre des mâles, il n'y en aura point, c'est clair comme le jour.

Etant établi que l'on peut sans inconvénient enlever à une colonie bien organisée la mère et un essaim avant qu'elle possède des alvéoles maternels, il reste à expliquer et à faire ressortir la nécessité et l'avantage de se rendre maître des essaims dix ou quinze jours avant l'essaimage naturel.

Tout cela peut-il se faire ? Evidemment oui.

Tout-cela est-il logique et conforme entièrement à la science ? Qui peut dire non !

S'il est vrai que les fortes colonies sont la base de la production ; s'il est vrai qu'elles donnent le couvain le plus nombreux, il est certain qu'il est aussi le plus précoce, et par conséquent elles se trouvent naturellement disposées à essaimer de bonne heure. Si le nourrissement printanier a pour but de développer cette force et cette tendance, il est de toute nécessité de leur donner leur solution logique.

Cette solution logique, c'est évidemment l'essaimage anticipé ; car abandonner les ruches à elles-mêmes dans ce moment suprême, n'est-ce pas compromettre la récolte puisque l'essaimage naturel est incertain et souvent désastreux.

Supprimer l'essaimage pour ne viser qu'à la récolte du miel, c'est arrêter la reproduction, c'est empêcher la multiplication de l'insecte mellifère, c'est perdre un des principaux produits, et par quels moyens ?...... moyens empiriques, pleins d'embarras, sans certitude suffisante.

Pour éviter tous ces graves inconvénients et pour obtenir tous les avantages qu'offrent les fortes populations, il faut suivre la voie naturelle qui est aussi la plus logique, il faut prendre la direction de l'essaimage, et faire sortir les essaims au moment convenable. Tous les essaims précoces sont bons !!.... donc il faut les obtenir très-tôt.

Voyons maintenant si dans la pratique l'application de ces idées est facile.

Essaimage des souches mères. — Transportons-nous au rucher, si vous le voulez-bien, et rappelons-nous que l'essaimage *anticipé fait avant la ponte des œufs de mère*, est le principe fondamental de cette culture.

Toutes les ruches ne sont pas préparées au même moment, il y en a toujours qui sont en retard et qui même ont de la peine à se refaire ; on opère sur les plus fortes au fur et à mesure qu'elles se préparent.

Dans nos contrées, la ponte se développe à la fin d'avril ou dans les premiers jours de mai.

Du reste, il est inutile de fixer une date quelconque ; ***dans quelque pays que l'on soit, il est toujours facile de reconnaître le moment opportun, la flore locale le détermine*** et l'abeille se charge de nous l'indiquer elle-même d'une manière certaine. Lorsque l'épanouissement de la fleur principale approche, la ruche est remplie de couvain d'ouvrières, elle est ***descendue ;*** ce signe n'est pas trompeur, c'est le moment d'agir : regardez ! L'entrée de cette ruche est obstruée par une foule compacte, ses rayons touchent le tablier ; cette autre paraît moins forte : penchez-la légèrement, il y a du vide à l'intérieur ; mais une population puissante est groupée sous les édifices qu'elle recouvre entièrement. Projetez un peu de fumée, les rayons se dégagent, un nombreux couvain d'ouvrières les remplit ; il n'y en a pas de mâles, ne vous en effrayez pas, c'est précisément ce qu'il faut pour être dans de bonnes conditions ; ces deux ruches sont suffisamment préparées pour donner un essaim forcé. Prenez-le, opérez suivant l'usage par le tapotement ; cinq à six minutes, quinze ou vingt au plus suffisent le plus souvent pour accomplir cette extraction, qu'un apiculteur expérimenté abrège en en faisant plusieurs à la fois.

L'essaim fait, vous le remettez à la place de la mère, vous portez celle-ci sur le siége d'une ruche également forte. Quand on veut s'assurer si la mère est dans l'essaim, ou si l'on tient à ce que la ruche opérée soit extrêmement forte, on peut la remettre à sa place pendant quelques instants, avant d'y mettre l'essaim. Ce court délai suffit souvent pour savoir à quoi s'en tenir sur la réussite de l'opération ; si l'essaim est calme, c'est que la mère est avec lui. Vous la calottez, si vous tenez à avoir du miel de choix, et dans ce cas vous réduisez la capacité autant que possible, ce qui est très-facile avec la ruche à hausses ; vous pouvez même *assurer la récolte du miel fin,* en plaçant une hausse vide entre la hausse supérieure et celle qui la précède, ou en remplaçant les deux cadres de couvain enlevés, par deux cadres vides, que l'on met *entre* le couvain et les cadres à miel, car il ne convient pas de diviser le couvain, qui doit toujours former son groupe compacte.

La ruche qui a cédé sa place est portée à quelques pas, de façon à désorienter les ouvrières au retour des champs. Le treizième jour suivant, cette souche sera assez puissante pour donner un deuxième essaim aussi fort que le premier; nous disons treize jours, parce que la larve la plus jeune que puissent choisir les abeilles, est sortie d'un œuf pondu depuis trois jours, par conséquent ces trois jours d'incubation de l'œuf ajoutés aux treize jours, composent le délai normal assigné aux métamorphoses de l'abeille femelle, seize jours environ.

Vous enlevez s'il y a lieu à la souche opérée la calotte qui lui a été donnée, et vous en tirez un nouvel essaim, toujours en pratiquant la permutation ; ainsi cette fois encore, l'essaim prend la place de sa mère qui va à son tour déplacer celle qui lui a déjà cédé son siége une première fois.

En cas de calottage, on remet la calotte si elle n'est pas suffisamment remplie, on la récolte si elle est pleine, et on en pose une autre si la miellée continue. Huit jours plus tard, c'est-à-dire vingt-un jours après l'extraction de l'essaim forcé, au moment où il n'y a plus de couvain dans la ruche qui a donné deux essaims, elle est transvasée de nouveau à fond, mise sous toile et transportée au laboratoire ; son temps est fini. Son trévas est mis momentanément à sa place, en attendant qu'il soit utilisé, comme nous le dirons tout à l'heure.

De la sorte, cette mère souche, qui peut devenir orpheline par suite de son deuxième essaim, comme cela arrive dans l'essaimage naturel, est récoltée au moment où elle n'a encore eu à redouter aucun des périls de cette position dangereuse, si par hasard elle s'y trouve. La teigne ne peut s'en emparer parce que sa population est encore trop puissante, les guêpes ne sont pas nées, les abeilles des autres ruches, occupées à la récolte, ne songent à attaquer leurs voisines désorganisées que lorsqu'elles ne trouvent plus de miel sur les fleurs desséchées ; d'un autre côté, débarrassée de tout couvain, et autant que possible de matières étrangères au miel, elle donne un produit plus pur et rend la manipulation plus facile.

L'avenir de l'essaim et de la ruche est assuré.

L'essaim déjà suffisamment peuplé est encore puissamment fortifié par les butineuses qui reviennent des champs.

La mère répare ses pertes instantanément, en recevant les butineuses de la forte ruche dont elle a pris la place.

On a donc pu s'abstenir d'aller au rucher pendant douze jours francs, on y retourne le treizième, avec la certitude de recueillir l'essaim que l'on va chercher.

On a ainsi fixé le jour de la sortie de l'essaim et celui de la récolte, on a dirigé la colonie à son gré, on a donc acquis une sécurité précieuse qui permet de disposer de son temps et d'aller à ses affaires.

Ajoutons : les contrées favorisées par des flores mellifères successives, offrent des ressousces plus ou moins importantes dont il faut savoir profiter.

Dans les pays, par exemple, où la navette et le colza sont cultivés en grand, le couvain se développe ordinairement de très-bonne heure, et parfois il arrive, quand la saison s'y prête, que les ruches se remplissent de miel et de couvain d'ouvrières, de mâles et même de mères ; dans cette occurence, il n'y a pas à hésiter, il ne faut même pas attendre que la préparation soit aussi complète, il suffit que la colonie soit *puissante en couvain* et en population active. *L'essaimage doit être* pratiqué selon les règles prescrites.

Si la miellée continue à donner, les souches et les essaims prospèreront et seront en état à la fleur de sainfoin de suffire à une seconde récolte d'essaims et de miel.

Si au contraire la miellée cesse, les colonies trouveront toujours assez pour gagner le sainfoin, elles seront alors ou conservées pour cette nouvelle récolte et toujours soumises aux règles de l'essaimage, s'il y a lieu de les appliquer, ou récoltées suivant l'opportunité. Dans ce dernier cas, les hausses vides de miel, mais garnies de bâtisses, sont données aux essaims.

Ainsi donc, quelles que soient les localités, quelles que soient les ressources mellifères, *partout et tant que l'essaimage naturel donne,* notre procédé se pratique avec avantage, puisqu'il s'applique à *toutes les ruches* qui se *préparent, vieilles ou jeunes*, au fur et à mesure qu'elles présentent les signes précurseurs ; ainsi, il est bien entendu que lorsque la miellée ne donne plus, il n'y a plus d'essaims à faire. Non-seulement il n'y a plus d'essaims à faire, il faut même se hâter de fortifier par des réunions tous ceux qui n'ont pu amasser assez pour passer l'hiver.

Cette mesure est de toute nécessité dans les contrées qui n'ont qu'une flore ; il en est autrement pour les pays qui ont des flores successives, telles que sarrasins, bruyères : il suffit de tenir la main à ce que les populations soient fortes. En récoltant soigneusement les ruches souches dans les délais déterminés plus haut, on évite tout encombrement, tout pillage, toute perte et on se procure la ressource de fortifier les colonies nouvelles.

Des ruches déplacées. — Le déplacement des ruches, tant redouté, présente ici un avantage précieux, c'est un moyen efficace d'empêcher l'essaimage naturel.

La ruche permutée, appauvrie momentanément par la perte d'une forte partie de sa population, ressent le besoin impérieux de se fortifier, s'adonne activement à l'éducation du couvain d'ouvrières précisément au moment où se fait ordinairement celle des mâles ; de là un retard qui ne permet pas à ce dernier couvain d'aboutir ; aussi ces ruches possèdent-elles toujours une population puissante, un fort approvisionnement et sont constamment au nombre des meilleures pour la reproduction l'année suivante.

Elles doivent être conservées pour former le fonds du rucher.

Cependant si la miellée a bien donné, si les essaims secondaires ont profité de manière à assurer leur avenir, si l'apiculteur tend à faire une récolte abondante, à tirer à produit au lieu d'augmenter son rucher, ces ruches peuvent être récoltées méthodiquement en suivant ponctuellement à leur égard le procédé usité pour les souches. Toutefois, il faut considérer que la ruche permutée a eu besoin de se remettre de son dernier déplacement, par conséquent, elle ne peut guère être essaimée avant la récolte des souches qu'elle a fortifiées ; il est même préférable que les deux opérations se fassent le même jour, parce que se faisant à la fois, le temps de l'apiculteur est économisé et l'agitation du rucher n'est pas renouvelée.

Les souches récoltées ce jour-là laissent des places vides qui pourraient être utilement occupées par les nouvelles transvasées ; mais celles-ci ont souvent une autre mission à remplir.

Les essaims primaires devenus très-forts, tentent naturellement à se reproduire quand la miellée continue ; les nouvelles souches en les déplaçant, arrêtent cette tendance désastreuse, et l'essaim, porté ailleurs, est sauvé !

Ainsi la permutation faite avec *opportunité*, fortifie instantanément les ruches épuisées, met obstacle à l'essaimage naturel, donne à l'apiculteur une sécurité précieuse et le rend réellement maître de diriger le travail de ses abeilles.

Des essaims. — « Un jeton de mai vaut une vache à lait. » Il y a sous cette exagération populaire une vérité traditionnelle : c'est que tous les essaims venus de bonne heure, sont *toujours bons*.

L'essaimage naturel est loin de se produire sûrement dans ces conditions de précocité ; il n'a lieu ordinairement dans nos pays qu'au moment où la principale fleur, le sainfoin, commence à tomber sous la faulx. Il arrive parfois que le couvain est retardé par des influences atmosphériques, comme cela a eu lieu cette année, et bien que l'abeille soit guidée par la nature dans son travail de reproduction, elle peut être surprise par des apparences trompeuses ; puis encore, l'essaimage est quelquefois trop restreint, d'autres fois trop abondant, de là des éventualités dans la récolte qui la rendent peu sûre et causent trop souvent des déceptions qui empêchent le développement de cette culture. Il est donc essentiel de mettre à volonté l'essaim dans la main de l'apiculteur.

Eh bien ! ne sommes-nous pas dans le vrai en forçant nos essaims avant la floraison du sainfoin, ou plus exactement, avant l'épanouissement de la flore locale qui produit l'essaimage naturel, au moment où va se faire la ponte des œufs maternels. Ils ont pour prospérer toutes les ressources de la saison mellifère, c'est incontestable, et si quelque chose est à craindre, ce n'est pas leur appauvrissement, mais l'excès de leur force qui peut les pousser à la migration. Cet inconvénient pourrait être grave, s'il n'était conjuré radicalement, comme nous l'avons dit plus haut, par un déplacement fait en temps opportun, c'est-à-dire avant la ponte des œufs maternels.

Toutes ces opérations s'enchaînent naturellement; *tout dépend du point de départ;* la première opération étant bien faite, les autres se font successivement et forcément au moment nécessaire; par conséquent, point de recherches, point de tâtonnements.

Les essaims primaires étant forcés avant l'épanouissement de la fleur du sainfoin, les essaims secondaires qui viennent treize jours après, naissent au milieu de la floraison, dont ils profitent largement; ils ont autant de chance de réussite que la plus grande partie des essaims primaires naturels; malheureusement toutes les ruches, comme nous l'avons déjà dit, ne se trouvent pas en état d'essaimer avant la miellée; plus le retard est accentué, moins est certaine la réussite des essaims.

Des trévas. — On appelle trévas, le groupe d'abeilles qu'on enlève à la souche avant de la récolter; il possède tous les éléments de viabilité des essaims; généralement moins populeux que ces deux aînés, il réussit rarement dans nos contrées, à cause de sa tardivité; parfois il se trouve encore à glaner quelque chose et à produire des bâtisses précieuses; mais ils servent le plus souvent à fortifier les ruches permutées tardivement où les essaims affaiblis, ou à former, par la réunion, des colonies puissantes par le nombre, lorsqu'on peut les mener aux sarrasins ou aux bruyères.

Remarque. — Dans les contrées où la miellée continue, c'est-à-dire où la flore d'été, essentiellement mellifère, se compose par exemple de sarrasins ou de bruyères, la pratique de l'*essaimage* artificiel a, sur tous les modes de culture qui l'excluent, un avantage considérable.

La moindre réflexion le démontre : tous les essaims *tardifs,* tous les trévas qui, d'ordinaire, ne servent qu'à fortifier de faibles populations ou à produire de petits bâtis, peuvent devenir de *bonnes colonies,* ce qui permet, en prévision de ce résultat probable, de récolter en saison plus de ruches à miel blanc que l'on en récolterait sans cela. Voilà donc une production nouvelle d'assez grande importance, qui, dans certains pays, prend les proportions d'une vraie récolte procurée par l'essaimage.

Il est clair que ceux qui ne récoltent ni essaims ni trévas, ne peuvent recueillir cette moisson nouvelle.

Cette considération a son importance, et doit être sérieusement méditée par ceux qui sont assez heureux pour habiter des pays qui possèdent ces plantes tardives.

Récolte. — Nous venons de voir que les opérations à faire sont d'une exécution facile ; il n'y a rien de changé dans la manipulation ordinaire ; c'est le transvasement pur et simple ; seulement ici il est assujetti à des règles fixes qui ne peuvent être transgressées impunément. La seule chose qui puisse embarrasser un commençant, c'est de distinguer le jour du premier essaim ; la saison, à cette époque, est souvent capricieuse, elle peut inspirer des inquiétudes pour l'avenir des essaims et des mères; il faut bien connaître ses ruches, être sûr de leur force ; à partir de ce moment, une fois cette difficulté surmontée, tout se fait en quelque sorte mécaniquement : l'essaim secondaire a son jour fixe, la récolte, son époque déterminée.

Après avoir expliqué le mécanisme de ce mode de culture, il est nécessaire d'entrer dans quelques détails qui puissent faire apprécier son influence sur le rendement ; il nous paraît bon de répéter ici ce que nous avons dit ailleurs sur les résultats obtenus en 1868, dont le printemps maussade a retardé l'essaimage et nous a causé des embarras qui peuvent se renouveler ; voici ce que nous disions : Dans notre département, nous avons été mal partagés, la miellée a été capricieuse, elle est venue et disparue avant le temps. Généralement, les ruchées n'étaient pas prêtes ; riches en couvain au commencement du printemps, elles promettaient beaucoup ; avril détruisit ces belles expérances, et la miellée hâtive de mai trouva le couvain peu avancé.

D'autres empêchements m'étant survenus, je ne pus commencer que le 10 mai (au rucher n° 1er) ; ce jour-là, je forçai deux essaims qui prirent la place de leur mère ; celle-ci, la place de deux ruches fortes qui furent portées plus loin.

Habitué à recueillir des essaims forts, je fus effrayé

de la faiblesse de ses essaims forcés, qui pesaient à peine un kilo chacun, malgré l'épuisement presque complet de leurs mères ; ces mères étaient bien garnies de couvain d'ouvrières, elles ne paraissaient pas posséder d'autre couvain. Aucun mâle ne parut de la saison dans la première opérée ; la deuxième en donna quelques-uns.

Le 24 mai, un essaim secondaire fut tiré de chacune des souches mères, qui cédèrent encore leur place, pour aller prendre celle des ruches déjà déplacées, qui furent portées encore un peu plus loin.

Le 21 mai, quatorze ruches furent traitées comme les précédentes ; il était trop tard, le miel coulait, le couvain de mâles apparaissait à l'état d'œufs dans quelques ruches ; mais les essaims étaient beaucoup plus forts que les deux du 10 mai.

Au 12 juin, le poids moyen était :

Pour les souches artificielles, de	. . .	28 kilos.
— naturelles, de	. . .	15 —

Cette différence entre les souches artificielles et les souches naturelles, est bien remarquable.

Les ruches permutées pesaient.	. . . .	26^{k} 54
— restées en place	. . . .	21 99

Voilà encore une différence sensible sur ces dernières.

Les essaims forcés du *10 mai,* quoique *très-faibles,* donnent en moyenne 23 k. 1/2 ; les secondaires, 15 k., tandis que ceux du 21 mai, une fois plus forts en mouches, ne pèsent que 19 kilos, et les secondaires 12 kilos.

Les essaims naturels primaires n'obtiennent que 14 kilos, c'est-à-dire 2 kilos de plus seulement que les secondaires du 3 juin, et 1 kilo de moins que les secondaires du 21 mai. Ces chiffres sont significatifs.

Toutefois, il faut reconnaître que l'infériorité des essaims naturels nè vient pas de ce qu'ils sont naturels, mais de ce qu'ils sont venus trop tard, et de ce qu'ils peuvent se dépeupler ; cependant ce résultat fait ressortir clairement l'avantage de l'essaimage artificiel bien conduit, sur le naturel, et démoutre, en ceci, comme en bien des choses, qu'il est nécessaire que l'intelligence de l'homme vienne en aide à l'instinct des êtres inférieurs les mieux doués.

Le rucher n° 2, éloigné du précédent de 16 kilomètres 1/2, fut opéré le 18 mai ; la miellée donnait fort ; 12 essaims furent pris. Le 1er juin, je retirai des mères souches 12 essaims secondaires, qui furent fortifiés, parce que la miellée fléchissait beaucoup. Le 12 juin, à la récolte, la pensée annonça pour moyenne :

Souches artificielles.	26k
— naturelles	17 50
— permutées.	20
— restées en place	18 75

Dans ce rucher comme dans le précédent, la supériorité des souches artificielles est considérable : les permutées l'emportent aussi sur celles restées en place.

Le rucher n° 3, situé à une distance de plus de 20 kilomètres, moins riche en miel, n'a été soumis à l'opération que les 21 et 27 mai, par conséquent dans des conditions doublement mauvaises.

A la récolte, la pesée a été :

Pour les souches artificielles	. . . . . .	20k 60
—	naturelles	15 65
—	permutées	19 86
—	restées en place	17 88

Si, la supériorité est moins marquée, et cela devait être, même à miellée égale, parce que les opérations ont été trop tardives.

Depuis cette époque, le temps a marché, des faits nouveaux se sont produits, et de nouvelles observations sont venues confirmer pleinement le mode de culture proposé dans mes essais. Que l'on me permette d'en citer un exemple : en 1872, au Congrès des Apiculteurs, à Paris, je produisis les chiffres que voici :

Dans le rucher n° 1, l'un des mieux suivis, l'expérimentation a porté sur une série d'opérations faites à des dates différentes, savoir : le 2 mai, le 17 et le 24 mai.

Le 2 mai, trois ruches ont été soumises à l'essaimage ; le 15, elles ont donné leur deuxième essaim. Ces souches mères pesaient, le 22 juin :

La 1re, 33 kilos ; la 2e, 38, et la 3e, 28 k.; moyenne, 34 k. 66.

Les premiers essaims du 2 mai pesaient à la même époque : l'un, 29 kilos ; les autres, 24 1/2 et 23 k.; cette faiblesse relative des deux derniers s'explique par cette circonstance que l'un et l'autre ont donné un réparon.

Les essaims secondaires du 15 mai pesaient : 24 k. 500, 22 k. et 20 k.

Le 17 mai, 4 ruches donnent leur premier essaim ;

elles pèsent le 25 : 29 k. 50, 35 k., 31 k. 50, 32 k.; la moyenne est de *32 k.*

Les esssaims pèsent 24 k., 28 k., 20 k., 19 k. (Ce dernier a eu un accident.)

Les deuxièmes essaims obtenus le 30 mai, pèsent : 12 k., 8 k. 1/2, 6 k. 1/2.

Le 24 mai, une souche donne son premier essaim, et le 6 juin, produit son deuxième.

Le 25 juin, cette souche pèse 27 k., et son premier essaim annonce 16 k.; le deuxième ne vaut rien.

Il y a dans ces faits un enseignement qu'il est essentiel de remarquer. Les avantages de la précocité se révèlent et s'affirment clairement ; les souches opérées le 2 mai, avant la floraison du sainfoin, par un temps froid, atteignent cependant le chiffre de 34 k. 66 en moyenne, après avoir donné deux essaims chacune.

Celles opérées le 17 mai, en pleine floraison, n'ont donné que 32 k. en moyenne, après avoir produit également deux essaims chacune.

Celle opérée plus tard encore, le 24 mai, ne pèse que 27 k., et n'a donné qu'un essaim viable.

L'infériorité est bien constante et bien accentuée : *plus on tarde, moins on obtient* C'est le fait capital qui ressort de cet examen.

Maintenant, pour fixer les idées et achever une démonstration déjà évidente, il est nécessaire de faire connaître le rapport qui existe entre les chiffres que j'ai obtenus par mon procédé et ceux de mes voisins, qui suivent les habitudes traditionnelles de leurs ancêtres.

De six apiers situés dans la commune que j'habite, il a été tiré à la récolte *six lots de vente*. La pesée faite par M. Beuve, professeur d'apiculture de l'Aube, a constaté :

Pour le 1er apier.	.	18^k	bruts en moyenne.
— 2e —	. .	18	—
— 3e —	. .	22	—
— 4e —	. .	19	—
— 5e —	. .	15	—
— 6e —	. .	11	—

Si l'on réunissait ces nombres, on aurait une moyenne de 17 k. 18 gr., tandis que la pesée de mon opération du 2 mai a atteint celle de 34 k. 66. Voilà donc une différence de cent pour cent sur le *poids brut;* mais si l'on veut se rendre compte du rendement réel, on trouvera un écart beaucoup plus grand.

La moyenne de mes voisins étant de. . . .			17^k 18
Il convient d'en déduire : poids de la ruche.	6^k	soit .	10
déchet intérieur .	4		
Reste pour produit net			7 18
La moyenne de mon rucher étant de . . .			34^k 66
Déduisant aussi le poids de ruche.	7^k	soit.	11
déchet intérieur.	4		
Reste net en miel récolté.			23 66

J'ai donc récolté en miel, par ruche, plus de trois fois autant que mes voisins ; cela ne prouve-t-il pas surabondamment que la multiplication de l'abeille ne nuit en rien à la récolte, lorsque l'essaimage est bien dirigé.

Pousser plus loin ces citations, serait faire des redites inutiles, les autres ruchers soumis à cette épreuve ayant donné des résultats absolument identiques, eu égard aux conditions particulières dans lesquelles ils se sont trouvés.

Les faits cités et tous ceux que j'ai constatés affirment la théorie développée plus haut, ils démontrent que les essaims obtenus tard sont moins forts que ceux forcés hâtivement ; que les souches qui les ont donnés sont moins lourdes, c'est-à-dire que leur force ou leur faiblesse est en raison de l'absence ou de la *présence* plus ou moins *grande du couvain de mâles* et de l'*état de la miellée*.

L'absence du couvain de mâle et la suppression de la ponte de la mère au moment de la récolte, sont donc des causes essentielles de succès ; ce secret important arraché par l'observation, est maintenant dans la main de l'apiculteur, c'est à lui d'en user avec intelligence ; ces faits nous apprennent aussi que si la *miellée ne donne pas, les efforts de l'art sont impuissants.*

Encore une remarque sur les opérations de 1868 :

Quoique faites avant la sortie des essaims naturels, ces opérations ont cependant été trop tardives ; les essaims primaires auraient dû être tous forcés avant le 10 mai ; la réussite alors aurait été merveilleuse dans les bonnes localités, puisque malgré ce retard, là même où la miellée a peu donné, une supériorité constante et très-marquée est acquise au travail artificiel ; les essaims qui en proviennent sont les meilleurs, et leurs mères ont toujours en poids le premier rang du rucher, tandis que par les autres procédés, elle sont toujours les plus faibles, et quelquefois sont sans valeur : ceci est incontestable.

Il ne faut pas oublier non plus que les ruches permutées qui ont perdu à chaque déplacement une notable partie de leur population, sont loin d'être épuisées ; elles ont des populations luxuriantes, munies d'approvisionnements hors ligne, sources de richesses qui leur assurent, pour le printemps suivant, une force reproductive sur laquelle l'apiculteur peut fonder un espoir sérieux. J'ai indiqué au commencement la cause de ce phénomène remarquable.

De tout ce qui précède, il ressort péremptoirement que l'essaimage précoce, bien entendu, bien conduit, loin de nuire à la récolte du miel, l'augmente dans une proportion notable, tout en satisfaisant aux besoins de la reproduction. C'est le résultat logique de l'opération.

Les populations fortifiées par la permutation, ne *quittent pas* leurs ruches respectives, tandis que tout le contraire arrive par les procédés ordinaires.

On peut donc tout à la fois renouveler promptement son rucher, et rajeunir les mères par l'essaimage, tout en faisant bonne récolte de miel.

Ce résultat est d'une importance capitale, qui doit exercer dans l'avenir une influence considérable sur la multiplication de l'insecte mellifère et sur l'augmentation des produits.

L'essaimage artificiel avec les ruches à rayons mobiles. — Une bonne méthode de culture doit pouvoir s'appliquer à toutes les formes de ruches. comme à toutes les localités, sauf les modifications accessoires que réclament les exigences des instruments employés et les ressources du sol ; le principe est immuable.

Si la ruche à cadre mobile ne se prête pas à la chasse des abeilles par le tapotement, elle n'en possède pas moins de grandes facilités d'exécution ; il s'agit tout simplement d'enlever avec la mère *deux* cadres possédant ensemble dix mille alvéoles de couvain et autant d'abeilles. Ces deux cadres sont placés au centre des bâtisses de la ruche destinée à les recevoir. L'essaim ainsi fait est mis immédiatement à la place de sa mère, celle-ci va prendre le siége d'une ruche forte qui est portée plus loin, absolument comme nous l'avons indiqué pour les ruches à rayons fixes.

Le treizième jour qui suit, vous enlevez encore deux rayons bien garnis de couvain et d'ouvrières ; ces deux rayons composent le deuxième essaim, qui est traité de la même manière que nous l'avons dit plus haut pour les essaims secondaires, toujours en employant la *permutation*.

Cette fois il faut encore s'assurer si la jeune mère éclose est avec l'essaim : c'est une nécessité ; sans cela, l'essaim ne réussirait pas, car le couvain n'est plus dans les conditions voulues pour être transformé.

Si l'on veut éviter le soin de s'assurer de la présence de la mère dans l'essaim, il faut devancer l'opération de deux jours, afin d'avoir des alvéoles maternels clos, la faire le onzième jour ou même le dixième ; dans ce cas, il faut supprimer tous les alvéoles maternels, moins un, qui se trouvent dans l'essaim et dans la souche.

Nous préférons, pour notre compte, attendre au 13e jour, parce qu'alors nous sommes assuré d'avoir une jeune mère vivante, avantage que l'on n'a pas en enlevant les alvéoles encore operculés, car il peut se faire que l'alvéole gardé ne vaille rien.

Cette ruche souche pourra être récoltée complètement du 21e au 25e jour, à partir de la sortie du premier essaim, comme les ruches à rayons fixes, puisqu'elle sera dans la même situation, c'est-à-dire sans couvain. Elle pourra aussi être conservée pour la saison suivante, si on le désire, sauf à s'assurer préalablement de la présence d'une jeune mère.

Le renouvellement des mères peut se faire également avec simplicité et facilité. Le moyen le voici : récolter complètement les ruchées possédant des mères vieilles ou défectueuses, comme il est dit ci-dessus, et conserver celles qui en ont de jeunes.

Y a-t-il au monde procédé plus simple et plus facile ?....

C'est encore un des avantages que procure l'essaimage.

Avantages de ces méthodes. — Ce que nous venons de dire démontre, croyons-nous, que par des moyens d'une exécution extrêmement facile, la culture de l'abeille se trouve singulièrement simplifiée, et atteint sous tous les rapports une certitude qui lui était inconnue, et les obstacles qui s'opposaient à son développement, se trouvent surmontés de la manière la plus heureuse.

Précisons :

1° L'essaimage se produit à des jours fixés ;

2° Le nombre des essaims est limité ;

3° Les souches mères sont fortifiées par la permutation et sont récoltées aux époques déterminées par l'apiculteur ;

4° La mère pond des ouvrières dans l'essaim, au lieu de pondre des mâles dans la souche, au moment de la récolte ;

5° Les mâles, dont la naissance est amoindrie ou supprimée, ne peuvent ni gêner les ouvrières, ni piller les provisions ;

6° Les souches qui ont donné des essaims, sont les plus lourdes du rucher, tandis que par l'essaimage naturel et les autres procédés, elles sont les plus faibles ;

7° Le rucher est renouvelé par l'essaimage ;

8° L'orphelinat est inconnu ou *impuissant ;*

9° La récolte de belles bâtisses se fait naturellement ;

10° La culture pastorale peut être pratiquée avec avantage ;

11° La garde du rucher est inutile ;

12° Le temps de l'apiculteur est économisé.

Voilà des résultats sérieux.

Eventualités. — Nous venons de démontrer que l'essaimage précoce, par *permutation continue,* a des avantages sérieux sur tous les systèmes connus ; il reste maintenant à compléter cet enseignement, en énumérant quelques-unes des éventualités qui peuvent se produire.

Il y a des années stériles, et d'autres qui sont d'une fertilité excessive : ces sortes d'années sont rares.

Il est des années qui produisent énormément d'essaims, et d'autres qui n'en donnent presque pas.

Quelle que soit l'année, si les résultats sont différents, le mode de culture est toujours le même ; on *travaille* les ruches au fur et à mesure qu'elles se *préparent*. Les résultats varient nécessairement, suivant les ressources mellifères. Voilà tout.

Si l'année est prolifique, vous n'avez toujours de chaque ruche *préparée* que le même nombre d'essaims ; seulement comme elles se préparent presque toutes, il faudra redoubler d'activité, être très-attentif aux signes qui se produisent, et ne pas les négliger.

Les permutées devront être transformées en souches, 20 ou 25 jours après la sortie des premiers essaims qu'elles auront contribué à former ; elles seront traitées absolument comme les premières souches, et permutées à chaque émission d'essaims, soit avec les trévas des ruches récoltées qu'elles s'assimilent, soit avec les essaims primaires, dont les allures auront besoin d'être étudiées, car il peut arriver aussi, dans des années prolifiques, que beaucoup de ses forts essaims essaimeront ; il faut donc les prévenir, veiller sur eux, afin de faire essaimer aussi ceux d'entre eux qui s'y disposent.

Il ne faut pas oublier que dans ce mode de culture, tout essaim primaire en appelle forcément un second, dans les délais déterminés ci-dessus. Quant à la récolte des ruchées essaimées, elle se fait ou ne se fait pas, suivant le bon plaisir de l'apiculteur, c'est à sa volonté ; seulement, s'il veut conserver les souches, il s'assurera qu'elles ne sont pas orphelines. La présence du couvain un mois après la sortie du premier essaim, annonce que la souche est bien organisée.

Dans ces sortes d'années, les ruches abandonnées à elles-mêmes s'épuisent en essaims nombreux, dont beaucoup sortent à la fois, se mêlent ou fuient, ce qui cause une perte notable, tandis que celles qui sont opérées suivant les règles ci-devant posées, se trouvent ménagées, conservent toutes leurs forces, et récoltent beaucoup relativement.

Si l'année n'est pas à l'essaimage, on obtiendra toujours la même quantité d'essaims des ruches bien fournies de couvain, que l'on aura opérées, tandis que les voisins n'en auront pas.

Si la saison est tout-à-fait mauvaise, il n'y a rien à expérer, et rien à faire; si ce n'est cependant de s'assurer qu'il n'y a pas de ruches en préparation, dans ce cas il ne faudrait pas hésiter à *exécuter* celles qui seraient préparées, à moins qu'on puisse les garder; car il suffirait d'une éclaircie, d'un rayon de soleil, pour les faire sortir, et n'étant pas surveillées, ce serait autant de perdu, ce qu'il faut éviter.

Si le mauvais temps continue, la mère, l'enfant et la voisine officieuse seront faibles, mais elles ne seront pas pour cela dans un état pire que les autres ; si au contraire l'année est extraordinairement bonne en miellée, tous les produits seront extraordinaires, le rucher pourra être renouvelé, doublé, et donner du miel en abondance.

Dans ces années extraordinairement mellifères, il arrive parfois que tous les alvéoles recevant chaque jour du miel en quantité, il se produit un encombrement tel, qu'il n'y a plus de place pour la ponte des mères, et l'essaimage n'a pas lieu. Nos essaims primaires étant faits avant la miellée, nos opérations n'éprouvent aucun obstacle, s'étendent à toutes les ruches, et notre récolte en miel que l'essaimage n'arrête pas, est d'une abondance extrême ; nos ruches donnent toutes deux essaims et un trévas, ni plus ni moins ; elles sont soumises à une loi qu'elles ne peuvent enfreindre, toutes les donneront ; l'essaimage s'étend parfois, quand la miellée se prolonge, jusqu'aux ruches permutées et même jusqu'aux premiers essaims primaires.

Il n'y a pas à s'étonner ni à se préoccuper de cette multiplicité d'essaims, que les influences atmosphériques limitent toujours.

Il serait puéril, aussi, de compter sur la réussite de tous ces essaims tardifs : tout ce qui vient hors saison est fatalement destiné à végéter ou à périr. Ils servent le plus souvent à faire de petites bâtisses fort utiles, ou à fortifier des colonies faibles, et par extraordinaire, à en former quelquefois de nouvelles, par des réunions bien entendues.

Chose importante à remarquer, c'est que dans ces circonstances extraordinaires, l'apiculteur attentif n'est jamais débordé ; seulement, la besogne étant plus grande, il faut déployer plus d'activité.

Nous avons dit que les ruches opérées laissent prendre leur deuxième essaim le 13e jour ; si on ne le recueille pas, elles le laissent sortir le 14e jour ou les jours suivants ; cependant, elles peuvent être empêchées ou retardées par les accidents atmosphériques.

Elles sont seulement retardées, lorsque le mauvais temps, survenu au moment de la sortie régulière, dure seulement quelques jours. L'essaim sort aussitôt le retour du beau temps ; si ce retour se fait dans la huitaine, il faut se tenir sur ses gardes. Elle sont empêchées radicalement, quand le mauvais temps continue et que la *miellée a cessé*.

Il n'y a plus à s'en occuper.

Il arrive, assez fréquemment que le couvain qui, au commencement du printemps, s'est manifesté vigoureux et plein d'espérance, fléchit tout-à-coup sous les influences funestes d'une température froide et capricieuse ; les colonies alors se trouvent au moment des fleurs dégarnies de couvain et de mouches, car là où il n'y a que peu de couvain, il y a peu d'abeilles et *vice versa ;* là où il y a peu de mouches, il y a peu de couvain.

Dans ce cas, il faut attendre que des forces nouvelles se manifestent avant d'agir, ce qui est parfois assez long : on dirait que la mère affaiblie et découragée, oublie sa mission, en perdant ses forces ; quoiqu'il en soit, il faut attendre le repeuplement ; car autant il y a de sécurité et de profit à travailler de bonnes ruches, autant il y a danger et perte à toucher aux mauvaises.

Réponse aux objections. — La critique a dit :

Le *renouvellement* du rucher ne peut se faire promptement, puisqu'il faut deux ruches pour faire un essaim.

Réponse : La ruche essaimée *donne toujours deux essaims,* même en mauvaise année, à moins que la miellée s'arrête assez pour empêcher l'essaimage naturel ; donc, si on emploie deux ruches, on a deux essaims.

L'on a dit : Il y a des mâles de pondus dès le commencement d'avril et même avant; il faudrait donc faire l'essaim en mars ?

Réponse : J'ai dit qu'il fallait faire l'essaim avant la *ponte des œufs maternels,* qui a eu lieu au moment de la *grande* ponte des mâles.

On a insinué encore que toutes les souches étaient orphelines.

Cette allégation est tout simplement une supposition; si ce fait se produit, c'est rarement, beaucoup moins que dans l'essaimage naturel et les autres modes ; cela n'a du reste aucune importance, par la raison que nous avons donnée plus haut. Ce fait est tellement rare, que de *toutes* les souches que nous avons récoltées cette année, pas une n'était dans ce cas.

On a fait une objection qui serait très-grave, si elle n'était spécieuse. On a dit :

Au lieu de fortifier les populations, vous les divisez, et au lieu de renouveler les vieilles mères, vous les conservez forcément dans les essaims primaires. Ce sont là deux grands inconvénients qui exercent une influence fâcheuse sur la récolte.

A ces deux critiques, il est deux réponses péremptoires.

En ce qui touche le renouvellement des mères : Ce renouvellement, quand il est nécessaire, peut se faire comme nous l'avons déjà dit, de la manière la plus naturelle du monde. On récolte l'essaim au lieu de récolter la ruche qui l'a produit. Le trévas de cet essaim sert à fortifier des essaims secondaires, qui possèdent de jeunes mères. Ainsi donc, non-seulement le renouvellement est possible, on peut même, si on le désire, en récoltant tous les essaims primaires, n'avoir que des mères de l'année; mais dans un rucher bien conduit, beaucoup d'essaims primaires possèdent de jeunes mères d'un an ou de deux ans, qui sont dans toute leur force, et auxquelles il serait irrationnel de toucher.

Et cela se fait sans effort, et notez-le bien, sans manipulation spéciale, puisqu'il s'agit simplement de récolter l'essaim au lieu de récolter sa mère.

En ce qui touche la division des populations : La souche qui vient de donner l'essaim retrouve instantanément par la permutation sa population perdue. Par conséquent, elle ne peut être affaiblie : les faits pratiques en font foi; si le premier essaim pèse 2 kil., le deuxième, si vous avez bien opéré, sera également de 2 k. environ, et pour peu que l'année soit bonne, ces essaims feront leurs provisions, et la mère ruche sera quand même la plus lourde de l'apier; donc, il n'y a pas affaiblissement, et comment en serait-il autrement, puisque la souche renferme un nombreux couvain, dont l'éclosion de chaque jour entretient et augmente la population déjà fortifiée par la permutation. C'est ce qui fait que les souches sont toujours lourdes, comme les essaims sont toujours forts.

La ruche permutée retrouve bientôt sa vigueur première, par la raison qu'elle n'essaime pas, quoiqu'elle ait un nombreux couvain.

Mais objecte-t-on encore, la ponte de la mère est suspendue, puisque la ruche est orpheline pendant 21 jours; cet inconvénient nuit au développement des populations, qui en sont amoindries d'autant, ce qui empêche de les avoir puissantes à l'hivernage.

On oublie dans cette critique que la ponte de la mère, suspendue dans la souche, se continue dans l'essaim ; par conséquent, la multiplication ne peut en souffrir en aucune façon ; c'est clair !... On oublie que la présence d'une mère pondeuse, au moment de la grande miellée, est inutile ou nuisible. Elle est inutile si la miellée est forte, parce que tous les alvéoles servent de dépôt provisoire à la récolte journalière, et ne laissent pas de berceaux libres pour recevoir les œufs ; et elle est nuisible quand une miellée faible laisse des alvéoles disponibles à la ponte, puisque dans ce cas les abeilles sont obligées d'employer une partie de leur personnel pour nourrir et soigner ce couvain, ce qui influe inévitablement sur le rendement, d'une manière fâcheuse.

Toujours est-il, objecte-t-on encore, que la récolte se trouve singulièrement amoindrie, puisque les populations divisées forment des groupes moins forts. Par exemple : si le rucher se compose originairement de 50 colonies, vous en faites cent qui ensemble n'ont pas plus de mouches que les 50, donc la loi de progression est méconnue, et cet oubli réagit fatalement sur la récolte. Or, 50 colonies affranchies de l'essaimage possédant 4 kil. d'abeilles, récolteront plus que les 100 colonies, qui ne possèderont chacune que 2 kil. d'ouvrières. Donc, comme il est admis que la récolte se fait par progression, cette division l'affaiblira beaucoup, puisque :

Si 2 kil. produisent 4,
4 kil. produisent 16,

c'est-à-dire 4 fois plus. Par conséquent, si une ruche de 2 kil. d'abeilles produit 10, la ruche de 4 kil. produira 40.

Cette argumentation théorique est fausse de tous points, et fait voir combien les digressions purement scientifiques peuvent égarer, lorsqu'on ne sait pas s'arrêter à propos.

A ce sujet, nous croyons utile de présenter quelques réflexions générales.

Disons d'abord que les principes les plus vrais sont souvent faussés dans l'application, et dégénèrent en paradoxes.

La progression est un principe vrai, mais il n'est pas absolu ; il a des limites et des atténuations.

Je m'explique : si l'on met 2 kil. d'abeilles dans une ruche sans couvain, et 4 kil. dans une autre, aussi sans couvain, *au moment de la miellée,* la progression aura lieu.

Mais si l'on donne 2 kil. d'abeilles à une ruche, et 4 kil. à une autre, également remplies de couvain, hors miellée, la progression n'aura plus les mêmes effets. Dès le lendemain, elle sera amoindrie par l'éclosion du couvain, qui aura lieu simultanément dans les deux ruches, en quantités égales. Cette éclosion continue affaiblira chaque jour la progression, en proportion des naissances. D'où l'on peut dire que les effets de la progression sur des ruches également chargées de couvain, sont singulièrement amoindris.

Que dans ce cas la progression fasse sentir sa force pendant quelques jours, soit ; mais pendant toute la récolte, non ! La supériorité sera toujours très-considérable : oui, si la miellée donne ; mais elle ne sera pas progressive dans l'extension du mot, parce que la différence des populations sera affaiblie en raison de l'éclosion, et elle sera nulle s'il n'y a pas de miellée.

Cela dit, et cette réserve faite, j'entre volontiers pour élucider la question dans les fausses idées de la critique, afin d'en mieux faire ressortir l'inanité.

Etant donné un rucher de 50 colonies d'égale force, possédant 4 kil. d'abeilles, je dirai d'abord : si vous n'avez pas d'essaims, vous ne pouvez recueillir tout ce que vos 50 ruches ont récolté, vous êtes obligé de vous contenter de leur superflu. Si elles en ont, la récolte totale vous est interdite, car si vous récoltiez tout, votre apier serait anéanti, puisque vous n'avez pas fait d'essaims, et comme il faut que la provision d'hiver soit très-forte au 1er juillet dans les pays privés des miellées d'automne, la réserve ne peut pas être inférieure à 15 kil. Or, si vos ruches ont amassé 40 kil., vous récolterez 25 kil. par ruche, soit pour 50 ruches . . . . 1,250 k.

Dans le cas donné, j'aurais 50 ruches à récolter entièrement, puisqu'elles se trouvent remplacées par leurs essaims.

Sur ces 50 ruches, 25 sont devenues mères, et ont reçu de suite en échange de l'essaim qu'elles ont donné, autant d'ouvrières qu'elles en ont perdu.

Elles ne sont donc en aucune façon inférieures en nombre à leurs voisines, qui n'ont pas essaimé, et elles ne se trouvent pas sous le coup de la progression. D'un autre côté, n'ayant plus de mère pondeuse, elles se trouvent dans une position qui leur donne sur celles qui en sont pourvues, une supériorité certaine et constante.

Les 25 ruches récoltées donneront donc une récolte égale aux vôtres, soit 40 kil. par ruche, ou. . 1,000k

Les 25 ruches permutées réduites par le déplacement à 2 kil. d'abeilles, environ, ne me donneront, d'après les lois de la progression ci-dessus établies, pour appuyer votre objection, que 10 kil. par ruche. 250

Produit en miel égal au vôtre 1,250

Ainsi donc, tout en appliquant, selon le désir de la critique, à la progression, une force que dans ce cas elle ne peut avoir, j'obtiens un rendement égal à celui de la meilleure méthode mobiliste. Et certes, si au lieu d'une évaluation fantaisiste et impossible, nous revenions à des appréciations plus saines, il me serait facile de démontrer par exemple que les ruches permutées auxquelles on accorde ici un rendement de 10 kil., ne seraient guères inférieures aux autres. La pratique enseigne que leur infériorité à l'égard des souches mères est seulement de 1/5e environ, en moyenne. D'où vient cela? Ne serait-ce pas parce que l'*efficacité* de la progression a son heure. En d'autres termes, c'est que les effets de la progression ne se *font sérieusement* pour la récolte, qu'au *moment de la miellée,* pendant *les courts* instants qui précèdent l'*équilibre* des populations. Or, cet équilibre s'affaiblit graduellement par l'éclosion journalière du couvain.

Si par exemple vous faites la permutation 10 jours avant la miellée, à quoi servira la progression ? A récolter 4 fois plus. Non pas, s'il vous plait, mais à glaner 4 fois plus, ce qui apportera à la ruche une augmentation quelconque assurément, mais qui pourra être bien faible. Et quand après ces 10 jours la mieillée arrivera, la ruche permutée aura tiré de son couvain vingt mille ouvrières au moins ; sa population, à ce moment, s'élèvera à 40 mille individus ; l'autre en aura 60 mille : la population alors au lieu d'être de 3 fois plus, ne sera plus guère que d'une fois en plus ! Car si vous multipliez les nombres par eux-mêmes, vous aurez :

4	fois	4	=	16;
6	—	6	=	36.

Et cette façon de raisonner, s'accorde avec les faits révélés par la pratique, et les explique.

En acceptant pour la discussion un rendement de 40 kil. par ruche, je n'ai fait que suivre les chiffres qui m'ont été indiqués. Je crois que nos producteurs ont des prétentions moins élevées, et peut-être s'estimeraient-ils heureux s'ils obtenaient régulièrement, en année ordinaire, un revenu de 20 kilos par ruches, en miel coulé ou en rayon.

L'appréciation critique que nous avons bien voulu suivre, n'est donc qu'une appréciation de fantaisie, qu'une étude attentive des faits pratiques vient démentir. Cela prouve une fois de plus que les chiffres trouvés dans le cabinet, ne sont pas toujours ceux du rucher.

Ce n'est pas tout : à la récolte de miel, il faut joindre celle de la cire.

Les cires des hausses inférieures des ruches récoltées, *nous donnent des bâtisses pour loger nos essaims de l'année suivante*, tandis que la partie haute de la ruche, celle qui contient le miel, nous donne la cire que nous livrons à la consommation.

Ce sont là deux produits inconnus aux mobilistes, et qui certes ne sont pas sans importance.

La cire fondue est un produit de 3 à 4 fr. par ruche récoltée, et la bâtisse conservée représente une valeur brute de 1 fr. à 1 fr. 50 c., mais qui coûterait peut-être de 3 à 4 f. au mobiliste qui voudrait l'acheter pour former ses cadres, ou au fixiste gâtinaisien qui recherche des bâtisses faites.

Mais ces produits dont se prive le mobilisme ne sont exclus de sa récolte, que par l'imperfection de ses méthodes, la contexture de sa ruche ne s'y oppose en rien. La mobilité des rayons, la facilité d'agrandir la ruche, présentent au contraire de grands avantages pour obtenir cette récolte importante.

DEUXIÈME PARTIE

Organisation et conduite du rucher. — Nous venons de dire pourquoi l'essaimage anticipé est le prin-

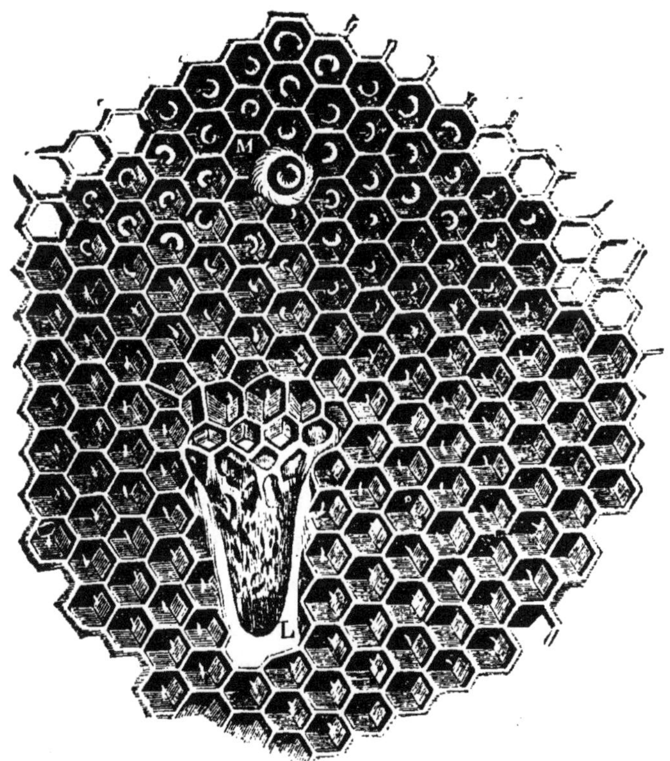

Morceau de rayon avec cellules maternelles artificielles.

cipe fondamental de la culture de l'abeille ; nous avons examiné les raisons, et cité les faits qui démontrent ses avantages et sa supériorité productive.

Nous allons maintenant expliquer comment il convient d'organiser les apiers, puis nous décrirons les manipulations à faire, les précautions à prendre, les instruments à employer, et les moyens dont il faut se servir pour arriver à une pratique sérieuse et lucrative.

Pendant que nos actives ouvrières sont retenues au logis par les temps froids et pluvieux de l'hiver, nous ne devons pas rester inactifs ; nos apiers ont besoin d'être appropriés et organisés, les ruches doivent être placées sur les sièges et aux endroits qui leur sont destinés pour passer la saison prochaine. Ce rangement ne saurait être ajourné sans inconvénients; il est essentiel qu'il soit fait avant que les abeilles, sorties de leur engourdissement, aient pris leurs premiers ébats. Négliger ce soin, ce serait exposer les ruches à un dépeuplement certain. Lorsque les abeilles sortent pour la première fois, elles ne s'éloignent de leurs ruches qu'après en avoir fait la reconnaissance et en avoir constaté la position : aux sorties suivantes, elles n'ont pas ce soin, elles partent comme un trait, sans regarder en arrière; à leur retour, elles se dirigent avec confiance vers l'endroit *connu*, où elles périssent inévitablement, si elles n'y retrouvent plus leur ruche.

Il est bon de ne pas mélanger les ruches faibles avec les ruches fortes ; les fortes pourraient gourmander les faibles. Par une raison analogue, il est bon aussi de ne pas mettre à côté les unes des autres les colonies étrangères et les colonies indigènes.

C'est le moment le plus convenable pour remplir les vides faits par la récolte, et pour augmenter le rucher, soit par des emprunts faits à d'autres apiers, soit par des achats nouveaux qui, à cette époque, présentent plus d'avantages et plus de garanties. *(Voir achat de ruches.)*

Pour peu que le rucher soit nombreux, on sent la nécessité d'y établir un ordre qui puisse instantanément suppléer au défaut de mémoire. Sans cela, on serait exposé à faire des bévues fort préjudiciables.

Il faut que chaque ruche ait son numéro d'ordre, indiquant : le jour de la mise en ruche, l'âge de la mère, et les poids trouvés aux différents pesages.

Quand un apier est bien organisé, il est très-facile d'y maintenir cette bonne organisation, et cela sans perte de temps sensible. Dès l'instant de l'essaimage, en mettant l'essaim à sa place, on lui donne un numéro d'ordre provisoire, au-dessous duquel est indiqué le jour de sa naissance, le poids du vaisseau qui les contient, celui des abeilles qui le composent, l'âge de la mère, si c'est un premier ou un deuxième essaim.

Pour avoir toujours sous les yeux l'état des apiers, on transcrit ces renseignements sur un carnet de poche, où un compte est ouvert à chaque apier, et à chacune des ruches qui le composent ; cela est essentiel, car il faut se rendre compte.

Chacun peut établir cette comptabilité comme il l'entend, le plus simplement possible est le mieux ; ainsi, par exemple, on peut l'établir sous forme de tableau synoptique. On évite des écritures et l'on a l'avantage de voir d'un coup-d'œil, et quand on le veut, le mouvement de son rucher. La récolte peut également se constater par un tableau semblable à la suite du premier.

Le numéro d'ordre de chaque ruche doit être *très-visible,* et doit correspondre exactement avec les numéros d'ordre du carnet.

Quant aux renseignements qui l'accompagnent, il

suffit qu'ils soient écrits au crayon. Un morceau de carton, modèle de six à huit centimètres carrés, suffit pour cela; on le fixe à la ruche comme on l'entend, soit avec une pointe, soit avec une petite ficelle.

Ceci est tout simplement établir l'ordre dans son rucher, et par suite préparer et faciliter les opérations à faire postérieurement. Pour peu que l'on réfléchisse, on comprend l'importance d'une bonne organisation; car pour bien diriger une ruche, il faut connaître son histoire. Il faut toujours avoir présent à l'esprit l'âge de la mère, dont la vigueur plus ou moins grande sert de point de départ pour la conduite à tenir à son égard. Aussi, devons-nous nous décider, dès le commencement de la saison, si cette mère sera supprimée ou conservée; dès lors, on dirige les opérations de façon à atteindre le but désiré.

Il est de bonne conduite, avons-nous dit, de séparer les ruches faibles des ruches fortes. Les faibles pourraient parfois se laisser entraîner à fortifier les puissantes à leurs dépens. Il est bon de dire aussi que les ruches en plein air doivent être distancées le plus possible; trop rapprochées, les abeilles peuvent se tromper, et cela n'est pas sans inconvénient, surtout au moment de l'essaimage.

L'organisation du rucher, le placement et le numérotage des ruches, doivent être définitivement faits, tous les ans, dans les premiers jours de mars au plus tard, lors de la visite générale des ruches, après l'hiver.

Visite des ruches. — La visite des ruches après les jours malsains de l'hiver, est très-importante. Il faut sérieusement, à cette époque, se rendre compte de la situation de chaque ruche; les froids ou l'humidité ont pu porter atteinte à la santé des colonies, les rongeurs ont pu faire des ravages sérieux. des ruchées ont pu perdre leur mère, il est on ne peut plus urgent de voir à cela, et de remédier au mal ; dans cette visite, il ne suffit pas de jeter un coup-d'œil rapide en passant devant les ruches ou de se contenter de frapper du doigt sur leur tablier : il faut renverser toutes les ruches à rayons fixes, les unes après les autres, les tenir entre les genoux, l'orifice en l'air ; dans cette situation, l'œil plonge jusqu'au fond.

Si les abeilles sont bien groupées, bien serrées les unes contre les autres, c'est bon signe. Un petit jet de fumée lancé sur ce groupe refoule la population et laisse voir le couvain : si à cette marque de viabilité se joint un approvisionnement suffisant, l'on peut compter sur cette ruche ; il ne reste plus qu'à l'approprier, s'il y a lieu, c'est-à-dire à enlever les rayons ou portion de rayons moisis ou attaqués par les souris, à supprimer les rayons à faux bourdons qui peuvent se trouver au centre, dans le nid à couvain. Cela fait, on nettoie le tablier, on met de petites cales sous la ruche. Si la nécessité de l'aérer se fait sentir, on l'agrandit si elle ne l'est pas suffisamment, et après avoir pris note exacte de son état actuel, on passe à une autre.

Dans un rucher bien soigné, ces sortes de ruches ne réclament aucun travail d'appropriation ; le tablier est propre, la cire est fraîche, et le parfum qui s'exhale de l'intérieur réjouit l'apiculteur en lui donnant l'espérance.

Mais si le tablier est sale et humide, si la cire est

moisie, si les abeilles mal groupées, éparpillées sur les rayons, répondent par un son sourd, sans écho, à un petit coup sec donné à la ruche, c'est qu'elle est malade ou sans mère ; aux grands maux, les grands remèdes ; il n'y a pas à hésiter : on enlève d'abord tous les rayons atteints de moisissure, on refoule la population par la fumée, on cherche à dégager le couvain. S'il n'y en a pas, il est très-probable que la mère n'existe plus, ou qu'elle est souffrante ; cela étant, cette ruche est condamnée à périr ou à végéter, quelle que soit l'abondance de ses réserves. Pour la sauver et en tirer parti, il est indispensable de la réunir *de suite* à une autre bien organisée. *(Voir réunion.)*

Il faut agir de même si le couvain est mort ou desséché, c'est-à-dire qu'il faut la réunir après avoir soigneusement enlevé le couvain mort, ainsi que le pollen avarié. Il faudra la *supprimer complètement,* si le couvain est pourri et sent mauvais. Il n'y a pas de réunion à faire, car ces signes annoncent la loque, maladie contagieuse qui résiste à tous les moyens curatifs; le remède suprême, c'est l'anéantissement de la colonie attaquée. Le vaisseau doit être rebuté pour toujours et jeté au feu.

Voici une ruche dont les rayons sont propres, mais dont la population paraît bien faible ; cependant, les abeilles sont vives et forment un petit groupe bien compacte, bien tassé ; il y a du couvain sous ce petit groupe ; il s'agit de s'en assurer. Cette assurance acquise, quoique les provisions soient insuffisantes, il y a vie, ressources, et l'on peut tout tenter et tout espérer. Ce qu'il y a à faire, c'est de soumettre cette colonie au nourrissement stimulant du printemps. *(Voir nourrissement.)*

En pratiquant ce nourrissement avec le soin impérieux qu'il exige, il y a peu à se préoccuper de l'abondance ou de la pénurie de l'approvisionnement. Toute colonie qui sort de l'hiver bien vivace et bien organisée, quelle que soit sa faiblesse, peut être sauvée et prospérer. Son avenir est entre les mains de l'apiculteur.

Elle exige évidemment plus d'attention, plus de soins qu'une colonie bien approvisionnée. Son couvain, en prenant de l'extension, demande des secours plus abondants que la ruche riche, pendant tout le temps que les abeilles ne peuvent trouver aux champs les ressources nécessaires à leurs besoins; la ruche bien pourvue peut supporter un oubli, une négligence ; la ruche sans provisions ne le peut pas.

Il est très-essentiel que les commençants se pénètrent bien de cette vérité : c'est que plus on approche de la grande miellée ou de l'essaimage, plus les ruches ont besoin de soins attentifs et *intelligents*.

Il est facile de comprendre que c'est l'instant le plus difficile, le plus dangereux à passer pour les abeilles ; elles sont dans l'enfantement, moment suprême pour elles comme pour les êtres animés : c'est la vie ou la mort, la richesse ou la ruine. Un refroidissement subit de la température peut retenir les pourvoyeuses au logis, et tarir la source du miel ; si cet état se prolonge, les populations sont décimées, le couvain souffre, la ponte diminue, la disette se fait sentir, et la colonie est en danger sérieux. C'est alors que l'apiculteur doit intervenir et suppléer par des soins et des secours intelligents aux ressources qui font défaut.

Il est bon d'insister sur ce point, et de redire que toutes les ruchées arrivées vivaces au printemps, bien groupées, peuvent être sauvées et devenir productives, quelles que soient leurs provisions; c'est une question de soins et de sacrifices, voilà tout. Et ces sacrifices, quels qu'ils soient, sont toujours largement compensés. Quant aux colonies désorganisées, dont la population languissante, éparpillée sur les rayons, paraît sans force et sans énergie, il n'y a rien à en espérer; elles sont malades, bourdonneuses ou sans mères. La seule chose à faire, c'est de les réunir à des colonies bien organisées, quoique faibles.

Taille. — C'est à la sortie de l'hiver, et au moment de la visite générale d'appropriation, que des industriels s'en vont par les villages faire parade de leur savoir, offrir *généreusement* leurs services aux bons villageois pour tailler leurs ruches, afin de leur donner de l'activité et les forcer au travail !.... Ils comprennent leur intérêt, ces industriels ; ils font une ample moisson de rayons qui leur coûte peu et quelquefois rien ; c'est leur récolte à eux : mais en agissant ainsi, ils emplissent leur bourse, en vidant celle de l'apiculteur crédule et ignorant. Il ne sait pas, ce malheureux, que ces rayons qu'il abandonne si bénévolement, sont pour la ruche qui les perd un mal irréparable : il ignore qu'ils sont destinés à recevoir les œufs innombrables que la reine va pondre, ou les premières gouttes de miel que la nature va donner. Il ne sait pas que le besoin de produire des œufs est tellement grand chez la mère abeille, qu'elle les laisse tomber malgré elle, quand elle n'a pas d'alvéoles où elle puisse les déposer. Or, un œuf de perdu, c'est une ouvrière de moins; mille œufs de moins par jour, c'est mille ouvrières de moins à la récolte.

Sans doute, ces pauvres abeilles vont faire des efforts inouïs et incessants pour réparer le mal qu'on leur a fait, elles vont se hâter de construire des rayons nouveaux pour suffire le plus tôt possible aux besoins de la colonie; mais y parviendront-elles en temps utile ?..... Et à quel prix ?.... Il faut du miel pour faire de la cire, et si le miel manque absolument aux champs, ce qui arrive souvent à cette époque, il faudra donc qu'elles prennent sur leurs vivres pour faire ce travail indispensable, qui les pousse irrésistiblement, et si les provisions sont faibles, que deviendra la ruchée ?..... Quoiqu'il arrive, la récolte de ses ruches sera *toujours inférieure* à celle de force égale qui n'aurait pas subi cette opération inconsciente et *stupide,* surtout si la miellée est précoce.

Cette opération désastreuse ne peut être tolérée que dans les pays où la miellée du printemps est insuffisante à donner une récolte et à produire l'essaimage, là où la récolte ne se faisant qu'à la fin de l'été, aux sarrazins et aux bruyères, laisse aux abeilles un temps suffisant pour réparer leurs pertes et développer leur couvain ; mais encore faut-il que la taille soit faite assez sobrement pour laisser à la mère des alvéoles en quantité suffisante pour répondre aux besoins de la ponte.

Sans cette réserve, il faut répéter haut que la taille ou l'enlèvement des rayons vides, au printemps, dans nos pays de production, est un acte que rien ne justifie, et qui décèle une ignorance complète des besoins de l'abeille et des nécessités de la culture.

C'est assez dire que tout apiculteur qui comprend son affaire, se gardera bien de tirer à cette époque une récolte de miel qui, surtout dans les ruches d'une pièce, ne peut qu'aggraver encore le mal causé par la suppression des rayons. *(Voir récolte.)*

La taille du printemps n'est pas une *récolte* (quoiqu'en disent Lombard et autres) c'est un nettoiement, une appropriation, c'est l'enlèvement des rayons détériorés ou nuisibles, et rien de plus.

Apprécier le miel d'une ruche au printemps.— Peut-être n'est-il pas sans intérêt pour beaucoup d'apiculteurs de pouvoir apprécier aussi exactement que possible le miel que peut contenir une ruche au commencement du printemps. Un essaim en ruche de 40 à 50 litres, pesant 15 kilos, doit donner à peu près les chiffres que voici :

Vaisseau vide (on doit avoir le poids exactement)	6k.
Abeilles	1 500
Cire, pollen, couvain	2 500
Miel	5
En tout	15 »

Si la colonie est vieille en cire, les rayons sont plus lourds, le pollen plus abondant : plus la ruche est vieille, plus cette différence est grande, elle peut doubler et même tripler l'évaluation donnée à ce contenu.

Ainsi, dans l'exemple ci-dessus, le miel, si c'était une vieille ruche, pourrait bien ne plus être que de 2 k. ou même d'un kilog ou d'un demi-kilog. A cette considération, il convient de joindre celle-ci : c'est que souvent les vieilles ruches contiennent du miel *grenu ;* la cristallisation du miel, on le sait, ne permet pas aux abeilles d'en faire usage ; elles meurent de faim sur les rayons qui en sont remplis. D'où il résulte que pour éviter les inconvénients et les désastres qui peuvent en résulter, il est d'une sage prévoyance de laisser à l'hivernage, aux vieilles ruches, des provisions supérieures à la consommation probable. Il en ressort encore cet enseignement : qu'il est de bonne culture de conserver préférablement les ruches à rayons frais.

Les ruches à hausses et les ruches à rayons mobiles se prêtent parfaitement à cet examen ; si ces dernières ne peuvent être pesées, elles laissent prendre et examiner leurs rayons ; la quantité de miel est facile à évaluer, lorsque l'on sait qu'un décimètre carré de rayon d'ouvrières contient 500 gram. environ de miel.

Essaimage. — A peine les travaux d'appropriation sont-ils terminés, que l'attention de l'apiculteur est éveillée.

La saison du travail approche, le printemps s'annonce par le réveil de la nature. Dans la dernière quinzaine de mars, la végétation se manifeste déjà d'une manière sensible. L'apiculteur n'a plus une minute à perdre. Il a dû, pendant l'hiver, préparer ses ruches, ses hausses, ses cadres, ses bâtisses, il doit être prêt à agir, et voici que les ruches appellent son attention et ses soins.

Il est temps de les stimuler par un nourrissement excitant *(voir nourrissement)* ; il est temps de se mettre à l'élevage des mères, si on veut se livrer à cette industrie, si l'on tient à renouveler artificiellement les mères qui ont vieilli. *(Voir élevage et renouvellement des mères.)*

La végétation se développe de plus en plus, la flore mellifère prépare ses boutons, et annonce la sortie prochaine des essaims. N'attendons pas qu'ils se produisent d'eux-mêmes, prévenons-les, nous en avons dit les raisons plus haut ; mais peut-être est-il nécessaire d'entrer encore ici dans quelques détails d'application. Nous avons dit qu'il fallait que l'apiculteur connût l'histoire de chacune de ses ruches, cette connaissance facilite et accélère singulièrement les opérations. Il n'y a pas de date précise à fixer, partout dans chaque contrée la flore locale impose ses lois, c'est le guide sûr que l'on doit suivre avec un soin intelligent. La sécrétion du miel appelle et provoque l'essaimage, qui se produit généralement au moment où elle est en plein épanouissement ; notre fleur principale, ici, est le sainfoin. Aussitôt que ses premiers boutons commencent à s'entr'ouvrir, il faut agir sur toutes les ruches bien préparées ; on procure par là aux souches et aux essaims une avance et une force considérables. Les ruches dont la population massée sur les rayons les recouvre entièrement, sont ordinairement bien préparées. Si ce sont des ruches d'une pièce ou à hausses, on s'en assure en les penchant doucement, pour ne point irriter les abeilles, puis on lance un peu de fumée sur les groupes ; les abeilles refoulées laissent voir le couvain ; si les rayons en sont remplis, la ruche est bonne à prendre, puisqu'elle possède une bonne population et un nombreux couvain. Cet examen doit être fait le soir ou le matin, pendant que les abeilles sont au logis ; il est plus facile d'apprécier la force de la colonie. Par contre, il est bon d'attendre pour extraire l'essaim que les pourvoyeuses soient parties au travail ; l'opération en est plus facile et les effets de la permutation sont plus sensibles. Cependant, cette prescription n'est pas absolue, et si l'on est pressé, on peut agir quand on est prêt. Dans le cas où un abaissement subit de la température se ferait sentir pendant l'opération, il ne faudrait pas s'arrêter pour cela ; le travail une fois commencé doit être achevé et suivi dans toutes ses parties : le résultat définitif, pour être retardé, n'en est pas moins obtenu.

Si l'on pratique les ruches à rayons mobiles, on procède à l'essaimage par l'enlèvement des rayons de couvain. *(Voir essaimage par le mobilisme.)*

Si l'on opère sur des ruches en cloche ou composées, à rayons fixes, on enlève l'essaim par le tapottement. *(Voir transvasement.)*

A cette occasion, il est essentiel de dire ici, dussions-nous nous répéter, que le transvasement par renversement de la ruche ne doit se faire que pour les premiers essaims venus à une température encore peu élevée. Dans ce cas, on enlève la ruche de son tablier, après l'avoir enfumée ; on la pose à l'ombre, on la renverse l'orifice en haut, et on la recouvre du vaisseau qui doit loger l'essaim ; cela se fait très-bien ainsi, sans inconvénient ; mais lorsque les rayons chargés de miel ou de couvain se trouvent ramollis par l'effet d'une grande chaleur, il est dangereux de les culbuter, surtout si ces rayons sont jeunes; dans ces conditions, ils ne sont plus guère en état de supporter le poids énorme dont ils sont chargés; ils peuvent s'affaisser, quelques précautions que l'on prenne, et alors la ruche est perdue. Il importe beaucoup de ne pas s'exposer à des accidents de cette gravité, quelques rares qu'ils puissent être; on ne dérange pas la ruche pour faire l'essaim, on lui enlève son couvercle sur place; on la recouvre de la cage à essaims, et au lieu de faire sortir les abeilles par le bas, on les fait sortir par le haut : voilà tout; cela est très-facile, la réussite est certaine et prompte; les moyens d'action sont même plus puissants, car on peut joindre la fumée au tapotement ordinaire; la ruche sur son siége, dans sa position naturelle, se laisse facilement enfumer, ce qui offre cet avantage particulier que les abeilles du dehors rentrent au logis sans se douter de ce qui se passe; on évite ainsi l'agitation qui se produit dans les transvasements ordinaires; les allées et venues des buttineuses en quête de leurs ruches disparues, ne se produisent point, cela se conçoit fort bien, puisque la ruche n'a pas bougé de place.

Le transvasement fait, le couvercle est remis à sa place, et la ruche opérée est alors enlevée, maintenue dans la position verticale, et transportée ailleurs, comme nous l'avons enseigné, afin de donner son siège à son essaim. Si la miellée donne, on doit profiter de cet instant pour calotter la ruche en place, par une hausse vide entre le couvercle et la hausse supérieure. *C'est calotter à nu.*

Si l'on opère sur une ruche sans couvercle, mais

ayant un bouchon mobile comme la ruche normande, on enlève ce bouchon, une ouverture de 8 à 10 centimètres suffit; seulement, le passage étant plus petit, l'opération est nécessairement plus longue, mais elle se fait bien.

Si l'on est en présence de ruches d'une seule pièce, sans ouverture mobile dans le haut, il faut de deux choses l'une : ou pratiquer une ouverture suffisante, et qui peut se faire assez facilement avec les ruches en paille, ou renoncer à transvaser sur siège.

Pour ces sortes de ruches, il existe bien un moyen efficace, conseillé par quelques auteurs ; c'est d'asphyxier la population. Nous ne sommes pas partisans de ce procédé. L'anesthésie par l'éther ou par le chloroforme, c'est la mort ; et, l'asphyxie par le chiffon nitré, ou par le lycoperdon ou vesse de loup, c'est l'affaiblissement des forces physiques de l'insecte, ce qui ne vaut guère mieux.

Nous avons tout intérêt à conserver la santé et les forces de nos abeilles, surtout au moment du travail, et comme la réussite dépend précisément de l'activité qu'elles déploient, nous devons bien nous garder de rien faire qui puisse l'altérer, c'est-à-dire que la plus grande circonspection et la plus grande prudence doivent inspirer et diriger nos actions toutes les fois que nous avons besoin d'agir sur elles.

Que l'on nous pardonne cette digression nécessaire.

Revenons à notre sujet : nous disions qu'il fallait nous hâter de faire essaimer les ruches bien garnies de couvain, dès l'instant que les boutons de sainfoin les plus avancés commencent à s'entr'ouvrir. Il est bien entendu que ceci n'est qu'une indication, il n'est pas

7

absolument nécessaire d'attendre ces signes; l'essaim doit être fait aussitôt que la ruche est bien préparée; sa force se révèle suffisamment par la présence d'une population assez suffisante pour cacher aux regards le nombreux couvain qui occupe tous les rayons du centre.

Dès l'instant que la population et le couvain se sont fortement développés, c'est que sous l'influence d'une température favorable, les abeilles ont pu trouver sur les premières fleurs du printemps des ressources assez grandes pour prospérer.

Il est évident que les contrées favorisées par des cultures hâtives, telles que la navette, le colza, ont nécessairement un essaimage plus précoce que celles qui n'ont d'autre fleur importante que le sainfoin; aussi est-il souvent très-avantageux de ne pas attendre cette dernière fleur pour pratiquer l'essaimage artificiel, lors même que la miellée fléchirait au déclin de ces fleurs hâtives; il n'en faudrait pas moins pratiquer l'essaimage, ce serait une faute grave de s'arrêter par cette considération.

Tenons-nous-le bien pour dit : toutes les fois que la miellée a commencé à se manifester assez puissamment pour développer les populations, l'essaimage est devenu une nécessité; toutes les ruches populeuses et chargées de couvain doivent être opérées. L'hésitation n'est plus possible; c'est qu'en effet lorsque les ruches sont dans ces bonnes conditions, elles peuvent toujours, elles et leurs essaims, attendre le retour de la miellée. Quelques heures de beau temps par ci par là suffisent pour les soutenir. Il faudrait que les mauvais temps survenus fussent bien persistants et bien défavorables pour que les essaims même eussent besoin de secours.

Il n'y a donc aucun danger, et tout profit à agir. Mais s'il est très-avantageux de travailler ainsi avec opportunité les ruches fortes, il est excessivement dangereux de toucher aux faibles ; il faut leur donner le temps de se fortifier et attendre patiemment l'heure d'agir sur elles, si cette heure arrive.

Cela dit, rappelons-nous encore qu'il est très-important de prendre note exacte du jour où le premier essaim a été obtenu, le deuxième essaim à obtenir de la même souche devant être pris le 13e jour suivant, au plus tard ; ces dates sont rigoureuses. Si l'on tardait davantage, l'essaim pourrait se produire seul, en l'absence de l'apiculteur, prendre les champs et se perdre, et la souche que la permutation ne viendrait pas fortifier une seconde fois, tomberait dans une faiblesse irrémédiable, et pourrait devenir orpheline.

Si par une cause quelconque on devait être empêché d'extraire l'essaim le 13e jour, il vaudrait mieux en avancer que d'en retarder l'extraction. Le 13e jour est le terme extrême que doivent attendre pour naître les plus jeunes des larves choisies pour devenir mères. Les abeilles ne préfèrent pas exclusivement les plus jeunes ; elles en prennent aussi de plus âgées ; dès lors, il est facile de comprendre que si la larve préférée est seulement d'un jour plus âgée, elle naîtra un jour plus tôt ; il y a donc chance de réussite en faisant l'essaim le 12e jour. Seulement, il est bon de voir si une reine est sortie de l'un des alvéoles maternels de la souche ; s'ils sont intacts, on se hâte d'en enlever un, en coupant le morceau de rayon qui le contient, et en le greffant dans l'essaim.

Du reste, si l'essaim n'a pas de mère et retourne immédiatement à sa ruche, cela n'a pas d'autre inconvénient. On pourrait même le faire plus tôt encore, si l'on voulait se donner la peine de greffer, dans la ruche qui doit le recevoir, un alvéole maternel prêt à éclore. Mais ce dernier moyen convient spécialement aux ruches à rayons mobiles. *(Voir essaims.)*

Les contrées qui ont une flore printanière continue, et qui à l'arrière-saison voient le sarrasin et la bruyère présenter à nos butineuses leurs précieuses ressources, sont des contrées privilégiées, dont il faut savoir exploiter les richesses. Il est évident que le retour de la miellée s'y manifeste annuellement aux mêmes époques et de la même manière, sauf les modifications qu'apporte nécessairement une saison plus ou moins favorable ; ces connaissances locales guident l'apiculteur, dont l'intelligence doit toujours être en éveil.

Lorsque la miellée est assez abondante pour produire l'essaimage, on en profite pour fortifier par ce moyen toutes les colonies à miel blanc qui ont besoin de l'être ; il y a un avantage considérable à conserver dans cette prévision tous les essaims tardifs ou trévas que, sans cette ressource, on aurait utilisés autrement.

Il est vrai que dans certaines années, les colonies attardées auraient peine à atteindre la miellée des bruyères. Il est bien entendu qu'il faut les secourir, si la campagne ne leur offre aucune substance.

Il est entendu aussi que ces colonies sont populeuses, soit naturellement, soit par la réunion.

Il est bon de considérer que si l'on recevait les essaims d'arrière-saison dans des ruches vides, le miel récolté serait noir, et ce qui en resterait après l'hiver se trouverait mêlé avec le miel blanc du printemps suivant, ce qui en altérerait la qualité et nuirait à la vente. Tandis qu'en réunissant ces essaims à un trévas ayant déjà un petit approvisionnement, ne fût-ce que de 2 à 3 k., cet inconvénient disparaît souvent, parce que la récolte en miel noir est consommée pendant l'hiver, et le fâcheux mélange n'existe pas. et d'un autre côté, on assure la réussite de cette colonie.

Si la miellée n'est pas suffisante pour produire l'essaim, elle peut souvent suffire pour achever l'approvisionnement des trévas du printemps, et cela seul est déjà un produit sérieux.

Répétons toujours que partout où l'essaimage naturel se produit, l'essaimage anticipé peut et doit être pratiqué dans tous ses détails, et comme il a été dit.

L'on ne doit point perdre de vue les ruches qui ont donné des essaims, vers le 25e jour qui suit l'enlèvement du premier essaim ; elles sont sans couvain, elles doivent être récoltées sans plus tarder, à moins que l'on ne veuille les conserver pour l'année suivante.

Pour récolter une souche, on en chasse la population, comme si on voulait faire un essaim ; cette population chassée forme une nouvelle colonie que l'on met à la place de la ruche supprimée, en attendant qu'elle puisse être utilisée plus tard d'une façon ou d'une autre. C'est le moment de porter son attention sur les ruches qui ont servi par la permutation à fortifier les souches que l'on vient de récolter. Si la saison est peu avancée, et si la miellée continue à donner, il est urgent de les faire essaimer à leur tour ; ces opérations s'enchaînent et se succèdent tant que la miellée donne, tant que les essaims primaires naturels se produisent; elles s'arrêtent en même temps.

La récolte du miel se fait au fur et à mesure que les ruches se trouvent sans couvain. *(Voir récolte.)*

Pendant l'essaimage, le renouvellement des mères s'effectue naturellement. *(Voir renouvellement des mères.)*

Les réunions des essaims tardifs, des trévas, se font dans le même instant. *(Voir réunion.)*

Puis vient la culture pastorale, la conduite des ruches aux sarrasins ou aux bruyères, leur retour au rucher, et enfin les soins et les précautions à prendre en vue de l'hivernage. Entrons maintenant dans quelques détails pratiques.

Sélection. — Dans le mouvement des esprits qui emporte les apiculteurs à la recherche d'améliorations nouvelles, on a beaucoup parlé de sélection.

La sélection appliquée à l'abeille, est-ce possible?

Tout le monde conviendra que si l'on peut choisir et s'emparer d'un mâle à son gré, il n'est pas aussi facile de courir dans les airs après la jeune abeille, pour la prier de l'accepter pour époux.

Lorsque la jeune reine entre en rut, elle sort de sa ruche et s'élance dans l'espace, suivie d'une foule de mâles formant groupe ; il est permis de supposer, sans

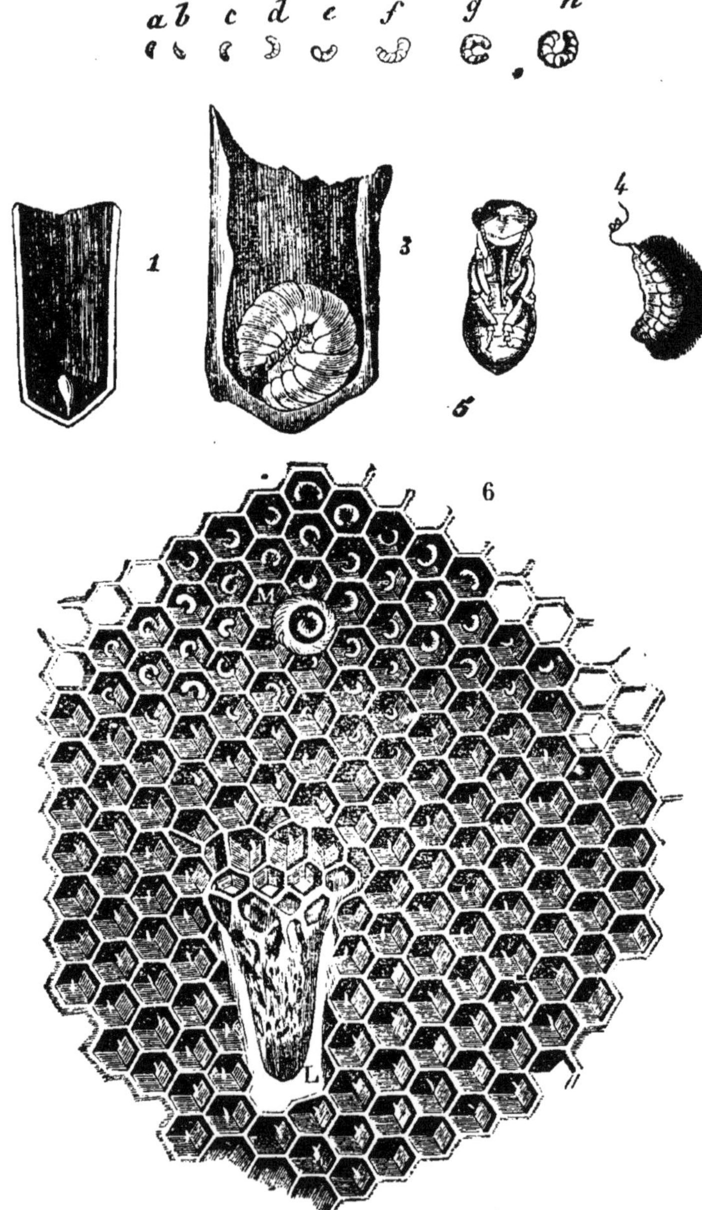
2
a b c d e f g h
1
3
4
5
6
M
L

1

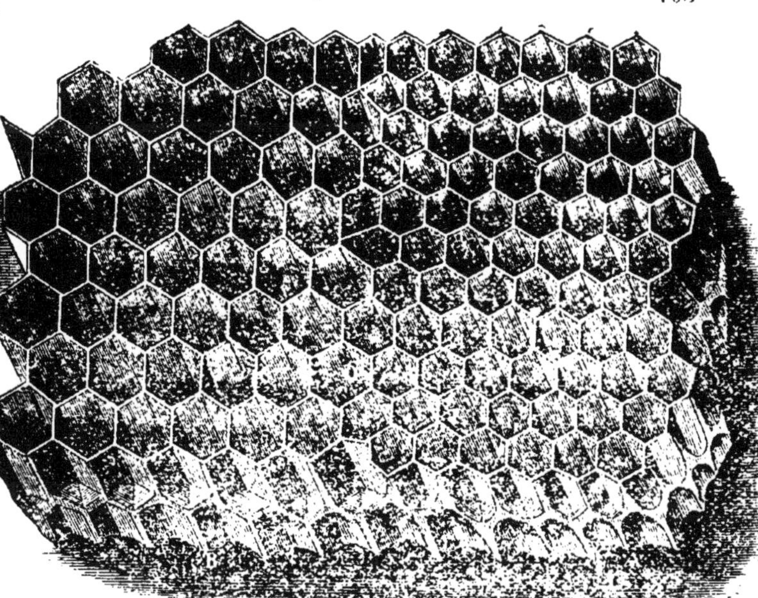

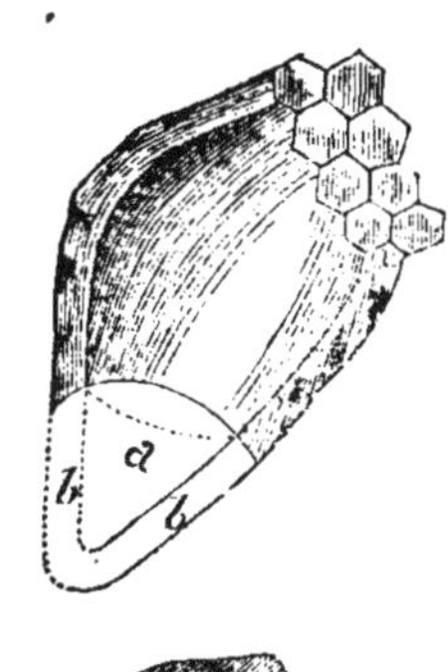

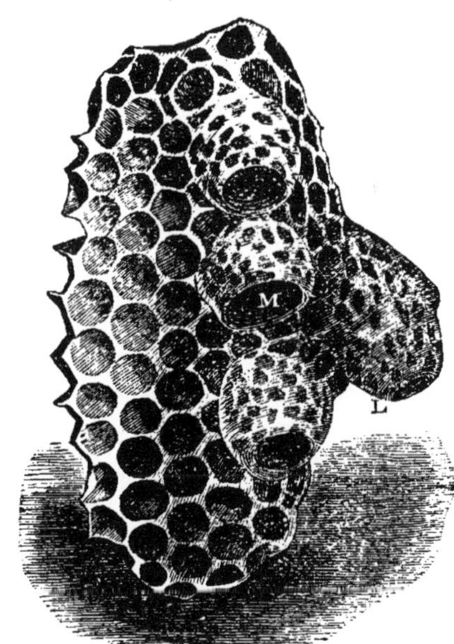

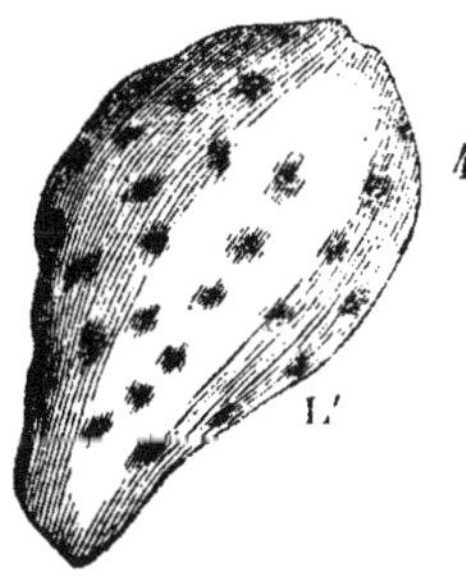

crainte de se tromper beaucoup, que 99 fois sur 100, c'est toujours un des mâles les plus vigoureux à qui échoit l'insigne honneur de donner sa vie, pour multiplier son espèce.

Remarquons en passant, que tous les petits expédients imaginés pour suppléer à la nature, ne sont rien moins que sérieux.

Dans notre amour de la nouveauté, nous poussons tout à l'extrême, et nous dépassons souvent le but; nous oublions trop facilement que nous ne pouvons qu'aider la nature, et que plus nous nous rapprochons d'elle plus nous sommes dans le vrai. La véritable sélection, la seule possible, la seule vraiment pratique dans cette culture, c'est de ne conserver que de bonnes ruches, munies de mères vigoureuses ; les sujets qui en naissent sont vigoureux, et la reproduction se fait naturellement dans les meilleures conditions possibles.

Si cette réflexion est juste, l'essaimage anticipé joue ici encore un rôle important, puisqu'il favorise le renouvellement naturel des ruches plus que tous les autres modes, et assure dans les colonies la présence de jeunes mères qui en sont la vie et la force.

Cependant, comme il est reconnu que le croisement des races est un puissant moyen de fortifier les espèces, tandis que, la consanguinité prolongée les altère, la sélection dans ce cas peut être utilement tentée.

Si par exemple on voulait faire féconder les jeunes reines indigènes par un mâle italien, il faudrait avancer la naissance des mâles italiens, celle des jeunes reines à féconder, et en même temps empêcher celle des mâles indigènes ; mais ici surgit une difficulté : si l'on avance l'éclosion des jeunes mères, ou développe inévitablement le couvain de mâles qui le précède toujours.

Comment faire pour surmonter cet obstacle?... Décapiter le couvain, ou enlever les rayons qui le contiennent, ou bien employer des tôles perforées ou autres engins de cette force, c'est se donner une peine inutile ; car ce ne sont pas là des moyens pratiques et efficaces.

La solution de cette difficulté se trouve encore dans l'essaimage *anticipé*. Ce procédé offre sans cesse à l'apiculteur des ressources fécondes dont il peut tirer profit. Cette puissance d'action ne saurait être contestée ici; pour faire naître de jeunes femelles, il faut enlever à la ruche celles qu'elle possède ; cette disparition met les abeilles dans la nécessité absolue de faire tous leurs efforts pour s'en procurer d'autres ; leur existence en dépend, aussi se hâtent-elles aussitôt la perte connue, d'en élever de nouvelles. Si donc on enlève la reine d'une ruche avant l'époque ordinaire de la ponte des mâles, on supprime nécessairement leur naissance, et du même coup, on avance la naissance des jeunes femelles, dont l'éclosion se produit à jour fixe. Il est certain que ces mesures étant prises, la sélection ou le croisement se fera dans les conditions les meilleures et les plus naturelles.

De la sorte, on pourrait soumettre à la fois, tout un nombreux rucher à un croisement rationnel, avec une seule ruche étrangère.

Pour cela, il ne faudrait pas laisser dans les ruches

indigènes un seul rayon de mâles, et pousser la ruche étrangère à un essaimage précoce.

Il est à remarquer que le mâle n'exerce pas une influence complète sur la reproduction, ces insectes étant régis par la parténogénèse, les femelles ou ouvrières profitent seules de l'accouplement; les mâles ne s'en ressentent pas. Ainsi, une abeille noire fécondée par un mâle jaune continuera à pondre des mâles noirs, et produira des abeilles jaunes ou métis, présentant le caractère distinctif du mâle. C'est parce que la mère a reçu de la nature le pouvoir de pondre des œufs mâles, sans avoir besoin de l'approche du mâle. Mais elle ne peut pondre des femelles sans être fécondée; c'est ce que l'on appelle parténogénèse.

En renouvelant tous les deux ou trois ans ces sélections, on pourra conserver un bon métissage dont les résultats devront être avantageux.

Acclimatation. — On a été jusqu'à prétendre acclimater dans nos contrées tempérées, les races d'abeilles des pays chauds.

Jusqu'à présent, je ne sache pas que l'on ait abouti à autre chose qu'à produire un bon croisement, et c'est à cela, que nos efforts doivent tendre.

L'acclimatation des animaux puissants résiste à nos efforts, et l'on voudrait qu'un insecte éphémère pût résister aux influences atmosphériques et locales contraires à celles des lieux qui l'ont vu naître.

La nature ne renonce pas à ses droits, elle produit ici ce qu'elle ne produit pas là-bas; et si elle nous permet de modifier quelques-uns de ses actes, c'est dans des limites que notre intelligence et notre puissance ne franchiront jamais.

Mais si nous ne pouvons pas acclimater les abeilles étrangères dans toute l'acception du mot, nous pouvons les modifier, les améliorer par des croisements qui, renouvelés en temps utile, pourront améliorer sérieusement l'espèce que nous possédons, en augmentant ses forces.

Restons bien persuadés que nous ne pouvons obtenir ces bons résultats que par des soins constants et par des efforts sans cesse renouvelés.

Renouvellement des mères. — Les modernes se préoccupent beaucoup du renouvellement des mères.

Il est certain qu'il est très-important d'avoir des mères vigoureuses, parce qu'il est avéré qu'elles perdent de leurs forces en vieillissant : leur puissance de reproduction fléchit. Elles subissent en cela la loi de nature à laquelle tous les êtres sont soumis; l'abeille mère ne conserve guère sa force entière que pendant 2 ou 3 ans au plus, puis elle décline graduellement, et à mesure qu'elle avance dans cette période de décadence, sa fécondité non-seulement s'amoindrit, elle se transforme en quelque sorte, car pendant que la ponte des œufs d'ouvrières diminue, celle des œufs de mâles augmente, signe d'impuissance précurseur de sa fin prochaine, tandis que l'abeille, dans sa vigueur, pond au contraire peu de mâles et beaucoup d'ouvrières.

La faiblesse de la mère se dénote donc par la faiblesse de la ponte et l'inertie des abeilles.

Il est plus ou moins facile de s'apercevoir de cette

faiblesse, suivant les ruches plus ou moins perfectionnées que l'on emploie.

Avec les ruches d'une seule pièce, longues et étroites, il est peu facile d'apercevoir la population, car l'œil plonge difficilement jusqu'au fond, et le couvain se voit encore moins ; mais lorsque ces ruches sont basses et larges, il est très-facile d'en apprécier la valeur, car l'intérieur se découvre parfaitement.

Avec les ruches à hausses, il est facile de contater en tout temps cette situation ; il suffit de séparer un peu les hausses supérieures, ou tout simplement de pencher la ruche.

Avec les ruches à cadres mobiles, il est également très-facile de s'en rendre compte, par l'inspection des cadres du milieu, que l'on peut retirer sans grande peine.

Ces deux sortes de ruches permettent de leur venir en aide, et de réparer le mal lestement et avec certitude.

C'est une de ces mille circonstances où la supériorité des ruches perfectionées se fait sentir.

Pour remplacer une mère défectueuse les moyens varient aussi suivant les facilités qu'offrent les ruches que l'on emploie.

Si ce sont des ruches vulgaires, d'une seule pièce, il n'y a guère que le transvasement qui soit praticable, à moins que l'on enlève le dessus de la ruche, ou que l'on y fasse une ouverture assez grande pour permettre une réunion par superposition ; encore faut-il avoir des colonies faibles à réunir ; mais il est rare que l'on n'en possède pas au moment où le besoin du renouvellement se fait sentir.

Les ruches à hausses permettent de transvaser ou de réunir.

Les réunions des populations se font avec la fumée.

Les réunions des abeilles avec leurs édifices, se font en mettant dessus celle dont on veut conserver la mère ; le plus souvent, c'est un petit essaim secondaire *établi,* c'est-à-dire ayant des rayons.

Les ruches mobiles ne se prêtent pas au transvasement, mais peuvent parfaitement se prêter aux réunions, que la mobilité des cadres rend très-commodes.

Toutes ces manipulations plus ou moins faciles donnent de bons résultats, et cependant ce ne sont que des moyens auxiliaires auxquels, en bonne culture, on ne doit avoir recours que lorsque, pour une cause ou pour une autre, l'opération principale a été manquée ou négligée. Cette opération consiste à récolter complètement, à l'époque de la moisson du miel, tous les essaims primaires tardifs ou douteux, et toutes les vieilles ruches attardées qui n'ont pas prospéré ; on se débarrasse ainsi radicalement de toutes les vieilles mères en dégénéressence, et la ruche se trouve renouvelée, sans avoir à faire de manipulations spéciales.

Il est très-important que cette opération capitale soit faite en temps opportun, c'est-à-dire au moment où la miellée ayant cessé, l'apiculteur s'occupe à recueillir le miel ; on évite une consommation inutile, l'appauvrissement progressif des ruches, le pillage, la teigne, et les mille iconvénients auxquels elles sont exposées, et plus tard des opérations spéciales, qui ne doivent être qu'accidentelles, nécessitées par la réparation d'un oubli ou d'une négligence.

L'on a toujours un grand avantage à faire les choses en saison ; si, après avoir manqué l'opération capitale, on négligeait de faire à l'hivernage les opérations supplémentaires dont nous venons de parler, on se trouverait bientôt en face d'impossibilités insurmontables, car pour faire ces opérations, il faut des mères, et il arrive un moment où il n'est plus possible de s'en procurer ; pour en élever, il faut du jeune couvain pour les produire, des mâles pour les féconder, et une chaleur suffisante pour permettre la sortie nuptiale. Si le renouvellement est ajourné au retour du printemps, les résultats ne peuvent être bien brillants : il faut que la jeune mère ait le temps de naître, de se faire féconder et de pondre ; ce n'est pas tout, il faut que les œufs pondus aient aussi le temps d'éclore, de devenir mouches parfaites, et d'acquérir assez de force pour aller butiner. La miellée a le temps de passer avant que la couvée attendue soit devenue assez puissante pour en profiter.

Le renouvellement du printemps ne peut être fait en vue de la récolte prochaine, mais seulement en vue de la conservation de la ruchée ; c'est une année de retard ; à cette époque, il peut donc être ajourné sans grand inconvénient jusqu'au moment de la récolte, qui est aussi l'instant convenable pour fortifier les colonies.

En ceci comme dans toutes les opérations apiculturales, eh ! mon Dieu ! comme en toutes choses, il faut, comme nous l'avons dit, agir avec opportunité, savoir, prévoir les défaillances et en prévenir les effets. Le moyen le plus simple et le plus efficace, est de ne conserver pour la culture que les ruches bien organisées ; les mères de ces ruches sont puissantes, l'avenir est assuré, et l'apiculteur n'a pas besoin de se creuser la tête pour trouver le moyen de renouveler ses mères. En thèse générale, on peut dire : ne conservez pas de mauvaises ruchées, n'ayez que des colonies fortes, et vous n'aurez pas de mères à renouveler.

Que l'on nous permette quelques réflexions.

Dans la pratique encore généralement usitée en France, on se préoccupe fort peu du *renouvellement des mères;* l'on vend ou l'on récolte les plus vieilles ruches (en cire), et souvent les plus lourdes, sans bien se rendre compte de ce que l'on fait. Quand la cire n'est pas trop vieille, on conserve de préférence les ruches d'un poids médiocre, pouvant passer l'hiver; ce sont ordinairement des ruches qui ont essaimé, et qui, par conséquent possèdent de jeunes mères ; le renouvellement se fait ainsi naturellement et sans y songer. Cela serait fort commode, si cette façon de faire n'avait pas ses inconvénients ; comme dans ces choix l'on n'agit que pour avoir de l'argent, l'on ne s'attache qu'à l'apparence, et l'on ne songe même pas à se rendre compte de la situation intérieure des ruches conservées, aussi arrive-t-il souvent que plusieurs sont orphelines et deviennent la proie inévitable de la fausse teigne et des pillardes, ce qui cause dans les apiers des vides inattendus et irréparables. D'un autre côté, on garde soigneusement tout les *essaims primaires,* parce qu'ils sont les meilleurs; l'on ne songe pas que ces essaims ont avec eux la reine des souches qui les a produits, dont l'âge est souvent inconnu. De là encore des déceptions assez fréquentes que l'on ne s'explique pas, et qu'il serait pourtant facile d'éviter : cela vient de ce que les soins que l'on donne sont inintelligents, entachés d'une insouciance, d'une indifférence, et pour tout dire d'une ignorance déplorables.

Il serait pourtant facile, avec un peu d'attention, d'éviter ces désastres; l'expérience n'enseigne-t-elle pas que les *forts essaims primaires* ont toujours une bonne mère, et que les essaims primaires tardifs en ont souvent une mauvaise.

Cette indication seule peut être bien utile, si l'on sait en tenir compte. Le renouvellement naturel des mères se fait plus ou moins complètement et avec plus ou moins de facilité, selon le mode de culture adopté. Si l'on pratique l'essaimage anticipé, tel que nous le proposons dans cet ouvrage, on est maître de la position : tous les essaims primaires possédant de bonnes mères sont conservés; les autres peuvent être récoltés sans dégarnir le rucher; toutes les ruches attardées ayant des mères décrépites, sont également remplacées par de bons essaims, et le rucher, débarrassé par ce fait des vieilles mères, est bien organisé; mais si l'on *ne renouvelle* pas le *rucher* par *l'essaimage,* si l'on a peu d'essaims, et si l'on fait tout pour n'en point avoir, il est clair que le *renouvellement* des mères ne se fera pas ou se fera très-imparfaitement, et qu'au lieu de suivre les moyens pratiques si simples que nous avons indiqués, il faudra recourir à des combinaisons savantes et compliquées.

Les mobilistes, dédaignant la simplicité d'action que nous réclamons à grands cris, pratiquent à cet effet une culture spéciale; ils font naître des mères, les élèvent, les font féconder, les mettent en ruchettes, puis les enferment sous grilles, et finalement les font accepter. *(Voir élevage.)*

Récolte. — La récolte du miel est le but principal cherché, la récolte de la cire ne vient qu'en deuxième ligne.

Dans beaucoup de contrées, il y a encore pour faire la récolte, nous ne dirons pas des procédés, mais des habitudes consacrées par un long usage, et qui n'en sont pas meilleures pour cela. Après en avoir dit un mot, pour en faire ressortir les inconvénients, nous indiquerons les règles qui doivent guider dans ce travail.

Dans certaines localités on récolte après la moisson des céréales; on tue les abeilles, et l'on s'empare de tout ce que contient la ruche. On se prive ainsi du travail d'utiles ouvrières qui pourraient fortifier d'autres ruches ou faire des bâtisses utiles. On a exposé ses ruches à devenir orphelines ou à se dépeupler, à être pillées ou à être dévorées par la teigne, pour recueillir un produit déjà amoindri par la consommation faite pendant les jours improductifs qui se sont écoulés depuis la miellée.

Dans d'autres contrées, on récolte aussitôt l'essaimage terminé, et la première miellée passée. Les uns transvasent les ruches, s'emparent de tout le contenu, et envoient le trévas aux bruyères ou aux sarrasins. Ce mode est bien supérieur au précédent : le miel n'a pas encore été gaspillé, la teigne n'a pas fait ses ravages, seulement les ruches sont encore garnies de couvain, ce qui est fâcheux. D'autres ne prennent qu'une partie de la récolte, soit en enlevant une calotte ou une hausse, soit en prenant des cadres. Ici, il y a à considérer que toute récolte partielle cause une consommation, c'est-à-dire une perte.

Ailleurs encore où l'on pratique la récolte partielle, on ajourne ce travail jusqu'au printemps suivant.

Ces divers modes laissent beaucoup à désirer. Le dernier est le plus irrationnel de tous. Le miel qui a passé l'hiver dans la ruche a perdu la fraîcheur et l'arôme qu'il avait au moment de la récolte, et c'est là le moindre inconvénient ; le plus grave est dans l'opération elle-même, lorsqu'elle est pratiquée sur des ruches d'une seule pièce, comme la ruche vulgaire en cloche ; le miel étant dans la partie haute de la ruche, il faut fouiller jusqu'au fond pour en détacher les rayons qui le contiennent. Cela ne peut se faire sans déchirer, sans briser des alvéoles, et sans faire couler le liquide sucré. Il y a tout à la fois perte et danger. En remettant la ruche dans sa position naturelle, le miel échappé des alvéoles brisés, coule sur le tablier, et quelquefois se répand au dehors, où il est perdu pour l'apiculteur et pour les abeilles. Les étrangères attirées par l'odeur, se précipitent pour le sucer : il se produit alors une agitation considérable, qui suspend le travail, arrête l'opérateur, qui expose la ruche taillée à un pillage imminent, et qui serait inévitable si la population tout entière ne se précipitait pas en masse à toutes les ouvertures pour en défendre l'entrée, ce qui se fait avec un courage, un ensemble et une énergie admirables. Il est facile de comprendre qu'une telle perturbation ne se produit pas sans dommages sérieux pour la ruche attaquée et même pour toutes celles qui ont pris part à l'agitation ; car toute agitation cause une commotion inusitée, plus ou moins forte, et quelque grave que soit cet inconvénient, il en est un autre non moins grand : le vide fait dans l'intérieur de la ruche par cette opération inconsciente, laisse à découvert le couvain qui commence à se développer, le prive d'un abri nécessaire contre le retour des froids printaniers qui peuvent le gêner, le tuer, retarder la ponte et l'affaiblir, précisément dans le moment où tous les efforts de l'apiculteur doivent tendre à la favoriser. On doit bien se garder de faire dans l'intérieur des habitations, des vides qui puissent au printemps causer un abaissement de température toujours nuisible au couvain, et d'enlever un approvisionnement nécessaire au développement de la ponte. Ces vides, il faut les remplir en rayons nouveaux, il faut les reconstruire, c'est de nécessité impérieuse. Ces vides seront comblés à tout prix. S'ils n'ont pu l'être en saison morte, par l'apiculteur, ils le seront par les abeilles, pendant la miellée, au grand préjudice de la récolte qui sera forcément négligée.

Si ce mode vicieux est pratiqué sur des ruches composées; à hausses ou à cadres mobiles, les inconvénients seront moins grands, les vides seront comblés immédiatement : le pillage ne sera pas à craindre, parce que le miel ne coulera pas, mais les autres inconvénients suffisent pour le faire rejeter absolument.

Le travail des abeilles et la manière dont il s'effectue, doivent nous servir de guides sûrs.

Pour obtenir le miel le plus pur et en plus grande quantité possible, il faut l'extraire au moment où la miellée vient de cesser et où les ruches sont sans couvain.

Aussitôt la cessation de la miellée, le miel étant fraîchement operculé, il importe de le recueillir de suite. Son séjour dans la ruche ne peut que lui faire perdre de sa qualité, et les jours stériles qui suivent ne pouvant suffire aux besoins de la consommation, doivent nécessairement en diminuer la quantité. Cependant comme il est bon sous bien des rapports qu'il n'y ait plus de couvain, il convient pour certaines ruches de devancer cette époque pour faire la cueillette. La ruche qui a donné un essaim artificiel ne possède plus de couvain entre le 21e et le 25e jour qui suit la sortie du premier essaim. C'est donc dans cet intervalle qu'il convient de faire la récolte, que l'on soit encore en pleine miellée ou non.

Cette façon de faire présente des avantages considérables.

Le miel est plus pur, la quantité en est plus grande, l'extraction en est plus facile, plus complète, les manipulations des ruches présentent plus de facilité et moins de danger de pillage qu'en saison avancée, et les trévas obtenus étant plus précoces, peuvent donner des avantages plus grands.

La récolte partielle par l'enlèvement des calottes, hausses, bâtisses de surplus, doit se faire aussitôt qu'elles sont remplies, et dans le cas où elles ne seraient pas récoltées à ce moment, il faudrait les détacher immédiatement après la miellée. Si l'on a négligé cette récolte, il ne faut pas l'ajourner davantage; ces calottes ne doivent pas rester l'hiver sur les ruches, et si l'on tient à récolter le miel, il est nécessaire de ne pas laisser passer les chaleurs de l'été, parce que le miel coule et s'épure mal à une température basse.

Il y a peu ou point d'abeilles dans les calottes, si elles sont pleines; il en existe plus ou moins si elles ne sont pas faites, si la miellée dure encore, ou si l'approvisionnement de la ruche est faible.

Après avoir enlevé les attaches, on décolle doucement, d'un côté seulement, en introduisant un objet résistant entre la calotte et la ruche ; on projette lestement un peu de fumée à l'intérieur, par l'entrebaillement, pour maîtriser les abeilles qui peuvent s'y trouver, puis on enlève la calotte et on la pose à terre, en face ou derrière sa ruche, à quelque distance, afin de pouvoir reconnaître d'où elle a été tirée; on la met dans sa position naturelle, comme elle était avant d'être enlevée, on l'appuie sur une petite cale, pour permettre aux habitantes de déguerpir. Cela fait, on passe à une autre. La besogne de l'apier étant terminée, on revient aux calottes qui se trouvent vides d'abeilles. Si par hasard il en restait dans l'une d'elles, c'est que la reine y serait ; dans ce cas, il faudrait s'en assurer, transvaser la calotte par le tapotement, comme on transvase les ruches, et rendre cette reine à sa colonie.

C'est aussi le moment de prendre le superflu des ruches lourdes qui n'ont pas été calottées (si l'on tient à cette pratique).

On enlève la hausse supérieure, s'il y a lieu, ou les rayons à récolter de la ruche mobile : cela vaut mieux que de les enlever au printemps, tous les deux ou trois jours, au fur et à mesure qu'ils s'emplissent de miel ; les abeilles sont moins tourmentées, et le dérangement n'étant pas renouvelé, la perturbation causée est moins préjudiciable.

Nous savons bien que les exigences *actuelles* du mobilisme ne s'arrangent pas de ces raisons ; il faut des bâtisses, il en faut à tout prix... Bientôt, nous l'espérons, ces exigences seront moins grandes et finiront par disparaître devant les méthodes améliorées qui, certainement, rendront possibles la récolte de la cire et la production des bâtisses naturelles.

Les pays qui possèdent des flores printanières et tardives, doivent surtout attacher une grande importance à faire la récolte du miel blanc, aussitôt que possible ; il faut absolument la réaliser avant la floraison du sarrasin ou des bruyères, afin que le miel blanc ne soit pas mêlé avec le miel noir.

Élevage. — L'élevage des mères, comme base de culture, est l'enfant du mobilisme et son apanage exclusif.

Le désir d'acclimater dans nos pays les races étrangères en ont fait naître l'idée. Bientôt on a tenté de l'appliquer à la culture productive. Les besoins causés par la récolte partielle et par la suppression de l'essaimage, qui immobilisent les mères dans les ruches, en ont fait une nécessité.

Disons tout de suite que, dans notre esprit, l'élevage des mères est une industrie spéciale, qui exige des manipulations spéciales et un outillage spécial, qui n'a sa raison d'être que dans les pays où l'exportation est possible. Partout ailleurs il est une superfétation.

On a pu voir, à l'article *sélection,* page 102, et à l'article *renouvellement des mères,* page 110, combien il était facile de satisfaire aux besoins de la culture, par des moyens d'une simplicité et d'une rationnalité parfaites.

Si le renouvellement des mères, si la sélection, se font naturellement, sans travail spécial, au moyen des avantages que donne l'essaimage anticipé, l'élevage des mères se fait également et tout aussi naturellement, par le même mode de culture.

Est-ce que toutes les souches rendues orphelines par la prise de l'essaim, ne contiennent pas, dix jours après, 10 ou 12 mères en formation, dont on peut disposer.

L'élevage artificiel n'est rien autre chose que ce moyen, agrémenté de complications et de difficultés nombreuses.

Pourquoi donc nous créer des embarras inutiles.

Nous comprenons parfaitement les établissements d'élevage du Tessin et de l'Italie ; il y a pour ces pays une raison déterminante. Les demandes incessantes que l'on fait de l'abeille jaune, en font une nécessité. Il y a là récolte sérieuse et source de profits. Mais que l'on cherche à appliquer cela à tous les besoins apiculturaux, ou que l'on cherche à reproduire ici la race italienne dans sa pureté, c'est évidemment s'égarer et faire fausse route.

Nous ne serons jamais client d'un établissement formé en France, par la raison que les races les plus pures dégénèrent bientôt dans les pays étrangers où elles ont été transportées, et que pour conserver leur pureté originelle, il faut aller chaque année ou très-souvent, chercher les reproducteurs aux lieux d'où ces races proviennent.

Ah ! si les Italiens, par exemple, nous demandaient notre abeille indigène, ce serait une autre affaire ; nous serions des premiers à provoquer des établissements d'élevage.

Il ne faut pas perdre de vue que l'on ne peut élever des mères sans qu'il en coûte, et peut-être n'exagérerait-on pas en disant qu'une mère élevée peut coûter aussi cher qu'une mère achetée, si l'on considère le temps employé, les soins donnés et le tort causé à la récolte du miel.

Assurément, notre opinion personnelle ne saurait faire loi, et comme notre conviction n'est pas et ne peut être partagée par tout le monde, il serait peut-être nécessaire de donner ici la description des divers procédés d'élevage, et d'entrer dans tous les détails des manipulations nombreuses que cette industrie exige ; mais notre cadre trop restreint ne nous le permet pas ;

nous serions entraîné d'ailleurs inévitablement dans des redites peu utiles, car ces procédés sont les mêmes que ceux de l'essaimage mobiliste, que nous avons analysé pages 27 et suivantes, ou ont avec eux une grande analogie, si ce n'est pourtant avec cette particularité qu'au lieu de placer de suite, définitivement, les jeunes femelles écloses ou en formation, on les met provisoirement en ruchettes, comme réserves, et pour leur donner le temps d'éclore et de se faire féconder, sauf ensuite à les mettre sous grilles pour les faire accepter.

Comme nous ne pourrions toujours en donner qu'une description restreinte, il vaut mieux, pensons-nous, renvoyer aux ouvrages spéciaux ceux de nos lecteurs qui voudraient se livrer à cette industrie. (*)

Nourrissement. — Il peut arriver et il arrive souvent que les approvisionnements de deux ruches réunies ne suffisent pas pour assurer l'existence de la réunion : ce serait agir bien inconsidérément si on la laissait dans cet état, ce serait tout compromettre ; la provision doit être complétée *de suite* et largement en une fois ou deux sans interruption ; plus le nourrissement est fait lestement, moins il y a de déperdition.

Un approvisionnement qui ne dépasse pas la quantité moyenne qui peut être dépensée pendant la morte-saison, est insuffisant. Pour qu'il y *ait assez*, il faut qu'il y *ait trop*. Si une ruche peut consommer 6 à 8 k.

(*) Voir particulièrement la brochure de M. le docteur A. Mona, sur l'abeille italienne, publiée *in extenso* dans *l'Apiculteur*, années 1874 et 1875.

depuis la fin d'octobre jusqu'à la fin d'avril, il est nécessaire qu'elle en ait 10 ou 12 au moins à sa disposition, ou bien il n'y a pas sécurité suffisante, surtout si les crucifères abondent dans le pays et si les bâtisses sont vieilles. Cet approvisonnement de 10 à 12 kilos, est considéré dans la conduite ordinaire des apiers comme largement suffisant ; mais il est loin de suffire si, suivant les enseignements modernes, on excite à la ponte : la consommation, alors, prend des proportions considérables en rapport avec le nombreux couvain qui se produit, et pour répondre aux exigences de cette situation forcée, il faut des provisions qui puissent faire face à toutes les éventualités que peut amener le retour du mauvais temps ; dans ce cas, les réserves les moins fortes que la prudence conseille, ne peuvent pas être au-dessous de 15 k.

La parcimonie ici est funeste, elle ne peut aboutir qu'à des désastres ; elle a d'autant moins de raison d'être, que l'abeille est de sa nature très-réservée et ne dépense pas une goutte de miel de plus ni de moins, quelle que soit la force de son approvisionnement.

Il y a une grande différence à faire entre le nourrissement d'automne et celui de printemps.

Le nourrissement fait avant l'hiver, a pour but d'assurer l'existence et de suffire à tous les besoins de la colonie.

L'alimentation du printemps ne doit être qu'un stimulant.

Le premier doit être fait rapidement et sans interruption, en une fois, si c'est possible, afin d'éviter l'agitation et la déperdition qui en est la suite inévitable.

La deuxième doit, au contraire, se faire lentement, à très-petites doses, multipliées, données tous les jours, depuis les derniers jours de mars, et cela afin d'exciter à la ponte et au développement du couvain ; on s'arrête aux différentes manifestations de la mieillée, sauf à redonner si elle cesse.

Il faut bien se garder de suspendre le nourrissement : la moindre négligence peut être funeste, surtout si les colonies sont mal approvisionnées; les plus fortes même pourraient succomber si l'on négligeait les soins impérieux que réclament leur situation de *nourrices*. Il suffirait de quelques jours de mauvais temps pour détruire des populations colossales, anéantir la richesse du rucher et faire évanouir les plus belles espérances.

En disant de commencer le nourrissement *cinq* ou *six* semaines avant la mieillée, nous entendons la *mieillée locale*. Nous posons une règle générale, applicable partout : ici, un peu plus tôt ; là-bas, un peu plus tard, suivant la flore plus ou moins précoce de la contrée.

Remarquons qu'une *excitation* plus anticipée, comme le conseillent quelques auteurs, serait plus nuisible qu'utile. Ce serait pousser la mère à se fatiguer vainement en efforts inutiles, pour produire une ponte qui ne peut aboutir, si la température extérieure ne lui vient en aide. Il nous semble sage d'attendre pour agir que les influences atmosphériques se fassent sentir sur les plantes, comme sur les êtres animés.

Le nourrissement d'été, en vue de l'hivernage, ne vaut rien; il occasionne des pertes et des soins inutiles, c'est aussi un danger.

Si l'on veut nourrir par le bas, on doit attendre le soir, lorsque le jour baisse : on envoie un peu de fumée aux abeilles pour les rendre dociles, on penche doucement la ruche ; il est rarement besoin de l'enlever ; on glisse dessous l'assiette, le plat ou le vieux tesson qui contient le liquide sucré ; s'il y a trop de vide, on l'élève pour qu'il touche aux rayons ; s'il n'y en a pas assez, on élève la ruche avec une hausse sans grillage. Beaucoup se contentent de mettre des brindilles conductrices : ça ne *vaut* pas, et dans ce cas il faut répandre de la paille ou des rondelles de liège sur le miel pour empêcher les abeilles de se noyer. Le lendemain matin, on retire le vase pour éviter le pillage.

Si on veut nourrir par le haut, on commence par recouvrir d'une toile claire l'orifice du vase qui contient le miel, et on renverse ce vase dans l'ouverture pratiquée au sommet de la ruche ; il n'y a pas d'autres précautions à prendre que celle d'assortir à peu près la grandeur des deux ouvertures : le pillage est évité.

On ne retire le vase que lorsqu'il est vide : la sécurité est complète.

On peut pratiquer des moyens plus simples encore : couvrir d'un linge l'ouverture supérieure de la ruche, lui faire prendre la forme du trou, et y verser *à même* la petite ration journalière, qu'on recouvre du bouchon.

On peut aussi renverser les ruches faibles, et arroser leurs rayons avec le liquide sucré ; mais cela n'est pas sans danger et ne peut se faire avec les ruches lourdes.

Le premier mode doit être employé à l'automne, parce que la nourriture est enlevée en plus grande quantité et plus lestement ; il convient mieux à l'approvisionnement.

La deuxième, au contraire, par sa lenteur et sa sécurité, paraît mieux convenir à l'époque printanière où les abeilles ne doivent avoir besoin que d'excitants.

C'est à dessein que nous ne parlons pas de ces mille inventions qui ont été faites ; nous pensons que le *praticien* doit tirer parti de tout ce qu'il trouve sous la main. Ce savoir-faire évite souvent bien des dépenses et des embarras inutiles.

Jusqu'ici, le nourrissement n'a été pratiqué que dans le but de *sauver* les colonies faibles. Il est vrai que depuis un certain temps, quelques apiculteurs commençaient à pressentir les avantages que l'alimentation printanière pouvait produire sur le développement de la ponte et sur sa précocité ; mais ces idées étaient confuses et trop peu prononcées pour lutter contre les préjugés populaires, qui attribuent au nourrissement une propriété énervante tout à fait contraire à ce qui est.

L'attention devait certainement s'attacher à ces idées, les étudier et chercher à en découvrir la valeur. Les mobilistes, un moment *ruchomanes*, entraînés par le besoin irrésistible d'exalter leur ruche, ne pouvant admettre les vieilles méthodes, faisaient forcément des recherches multipliées, de nombreux essais, notamment sur l'élevage des mères, etc. Ces travaux les amenèrent à reconnaître et à constater l'influence de la nourriture artificielle sur la reproduction; ils durent lui attribuer, du moins en partie, ces populations colossales dont ils s'enorgueillissent, et qui font la prospérité de l'apiculture; bientôt ils en firent la base de leur culture, et c'est peut-être le plus grand service que les novateurs modernes auront rendu à l'apiculture *pratique*.

Quoique partisan du nourrissement stimulant du printemps, dont nous avons reconnu et apprécié les bons effets, nous devons dire que nous n'avons pu encore lui attribuer complètement le prodigieux développement du couvain; selon nous, les influences du climat, de la température et de la flore, jouent en cela un rôle considérable. Il est évident que si le printemps n'était pas favorable à la ponte de la mère, le nourrissement produirait des résultats bien imparfaits.

Cela dit, il est bon d'ajouter ceci : si ces résultats heureux s'obtiennent avec la ruche à cadre, ils peuvent s'obtenir aussi facilement avec la ruche à hausse, avec la ruche en cloche, avec toutes les ruches enfin qui se prêtent à l'alimentation. Dès lors, ce procédé n'étant pas l'apanage exclusif de la ruche à rayons mobiles, les fixistes et les mobilistes peuvent également le pratiquer et en tirer avantage. Tel est le *propre des bonnes méthodes, qu'elles trouvent toujours des moyens d'application*. Il ne reste plus qu'à faire des vœux pour que les observations nouvelles viennent confirmer cette puissance de l'alimentation printanière.

La nourriture à donner doit se composer de miel ou

de sucre mélangé d'eau. Si l'on n'a pas de miel et que l'on soit obligé d'acheter la matière sucrée, il vaut mieux prendre le sucre, qui est un stimulant plus actif. Cette nourriture est peu coûteuse. Un kilog. de sucre avec deux litres d'eau, fondu à petite ébullition, font un sirop qui convient parfaitement aux besoins du couvain. Si l'on employait le miel, on ne mettrait qu'un litre d'eau pour un kilo de miel, parce que le miel est plus froid et plus aqueux.

Capacité des ruches. — A mesure que la saison s'avance, l'apiculteur doit redoubler de soins :

Aussitôt que le couvain prend de l'extension, il doit appliquer son intelligence à procurer à la ruche une capacité en rapport avec ses besoins : c'est d'une importance extrême.

Quelle est cette capacité ?

Ici surgit une grosse difficulté.

Des apiculteurs éminents prétendent que la grandeur de la ruche doit être proportionnée aux ressources mellifères de la localité.

Dans un pays pauvre, une petite ruche *fera* toujours mieux qu'une grande. La preuve, c'est qu'un essaim faible ou tardif réussira mieux dans une petite ruche ; il y a plus de chaleur, moins de travail d'appropriation, aussi recherche-t-on les plus petits vaisseaux pour loger ces sortes d'essaims, et cela parce que les ressources sont faibles.

D'autres praticiens pensent au contraire que la grandeur du vaisseau doit être appropriée, non aux éventualités de la récolte, mais bien aux besoins de l'élevage; c'est-à-dire qu'il faut qu'elle soit suffisante pour recevoir sans encombre tous les œufs que peut pondre la mère, dans l'espace de 21 jours.

Il est des faits qui déterminent clairement la grandeur qui convient au pays que l'on habite. L'essaim que cette ruche a reçu en pleine miellée, n'a pu la remplir de ses rayons : elle est suffisante.

Cette autre ruche est complètement remplie, elle ne peut contenir sa population, qui est obligée, pendant les chaleurs, de se répandre sur les parois extérieures pour prendre l'air ; les rayons ont pris une couleur foncée : cette ruche est trop petite.

Jamais les abeilles ne doivent faire la barbe ; toutes les fois que cela arrive, le logement est trop petit.

Ces indices ne trompent pas, il faut en tenir compte.

Si en principe la force d'une colonie est dans le nombre des individus qui la composent ; il est logique d'en favoriser l'accroissement.

Si l'on a de petites ruches, on a de petits essaims et de petites récoltes, même dans les bonnes localités.

Si l'on a de grandes ruches, on a de forts essaims, et par suite de fortes récoltes, si le pays est bon.

L'expérience enseigne qu'un résultat analogue, en sens inverse, se produit dans les pays pauvres. En effet, si un essaim de 10 à 15 mille abeilles peut ramasser péniblement 6 à 8 kilos, une colonie de 20 à 25 mille abeilles en trouvera de 15 à 20 kilos. C'est évident.

Les pays pauvres en miel offrent souvent au printemps des ressources considérables pour l'élevage du couvain ; les localités boisées, par exemple, fournissent du pollen en abondance beaucoup plus que les plaines. Pourquoi ne pas utiliser cette ressource ? Pourquoi se produit-elle ?

Ne serait-ce pas afin que les insectes qui en nourrissent leurs larves puissent en multiplier le nombre, afin de pouvoir lutter avec avantage contre les difficultés d un approvisionnement difficile ; plus le labeur est rude, plus il faut d'ouvriers pour le mener à bonne fin.

Nous sommes de cet avis.

Du reste, cette divergence est peut-être au fond beaucoup moindre qu'elle le paraît tout d'abord. Il est évident que la récolte ne sera jamais aussi abondante dans un pays pauvre que dans un pays riche, toute chose égale d'ailleurs ; par conséquent, les magasins seront moins remplis, et la ruche qui les contient n'aura pas besoin d'être agrandie au moment de la *récolte ;* elle sera donc moins grande, à cette époque, qu'elle le serait dans un pays riche ; mais cela n'implique pas qu'elle doive être plus petite au moment de l'élevage : distinction importante à faire.

Sans doute, les trévas et les essaims tardifs peuvent être mis avec avantage dans de petites ruchettes, ou hausses faciles à réunir, parce qu'ils ne sont point chargés de la reproduction ; mais vienne le printemps, ces ruchettes devront être agrandies et fournies de bâtisses suffisantes pour développer l'élevage : leur position est changée, ils ont d'autres besoins, parce qu'ils ont des charges qu'ils n'avaient pas.

S'ils ont pu prospérer comme essaims, ils ne prospéreraient pas comme ruches.

Entrons dans quelques considérations.

Un vaisseau de petite capacité contient une quantité restreinte de rayons ; aussitôt que la mère a rempli d'œufs les alvéoles vides, elle est forcée de s'arrêter.

De là, une perte irréparable, puisque le rendement est en raison de la population : tout le monde le reconnaît. La ponte de la mère est plus précoce que dans les grandes ruches, parce que la chaleur intérieure est plus élevée, mais elle est plus faible, parce que l'espace lui manque pour la produire suivant ses forces.

Si la migration a lieu sans miellée, les vides se remplissent de couvain qui plus tard donne lieu à une nouvelle migration ; si l'essaimage se fait au moment de la miellée, les vides sont remplis de miel : dans l'un et l'autre cas, la ruchée se dépeuple.

Si la ruchée est retardée, et que la miellée donne au moment de la ponte, la ponte est amoindrie ou interrompue.

Dans tous les cas, faibles essaims, faible récolte : en somme, faible produit.

Et si par hasard la ruchée n'a pas essaimé, si la population relativement forte a pu s'adonner fructueusement à la récolte du miel, elle est bientôt obligée de sortir de sa ruche, devenue trop étroite, trop chaude, et de se répandre au dehors sur les parois extérieures, où elle se groupe et fait la barbe. Souvent, elle édifie en pure perte, sous les planchers qui soutiennent la ruche, des rayons qui ne contiennent rien.

Ce n'est pas tout : dans ces conditions la cire vieillit vite, elle noircit, durcit, le pollen s'altère, le miel prend un goût animal très-prononcé, et la concentration excessive de la chaleur, si elle ne fait pas couler les rayons, engendre souvent des maladies dont on cherche vainement ailleurs les causes qui les ont produites.

Il est vrai que l'on peut remédier à ces inconvénients, en agrandissant à propos les ruches devenues trop étroites ; mais encore, faut-il qu'elles soient convenablement disposées pour cela ; d'ailleurs elles pêchent par la base, c'est-à-dire par leur petitesse originelle.

C'est en cela, et pour les réunions, que les ruches composées ont un avantage considérable sur les ruches d'une seule pièce.

Dans une partie de la Champagne, dans la Normandie, la Bretagne, les petites ruches sont en usage.

Il est à remarquer que ces pays ont des flores mellifères riches : la navette, le colza, le sainfoin, le sarrasin, la bruyère, etc., prodiguent aux abeilles leurs sucs nourriciers ; jamais nous n'avons pu nous expliquer suffisamment la raison de cette préférence, et cependant des praticiens renommés se sont servis toute leur vie de ces petites ruches, la force de l'habitude est si puissante ! On fait cela, parce que le père l'a fait, parce que le grand père l'a fait ; ils ont réussi, tout est dit, il faut faire comme eux.

Eh bien ! non, tout n'est pas dit ; il ne faut pas pousser le respect de la tradition, jusqu'à nier le perfectionnement, jusqu'à s'endormir sur les faits acquis, jusqu'à se laisser aller à une insouciance ou une inertie coupables. En apiculture comme en agriculture, comme en toute science, il y a toujours à apprendre, et par conséquent toujours à étudier.

Nous sommes convaincu que dans ces riches pays, on peut apporter aux habitudes traditionnelles des modifications très-importantes. Le nid à couvain est trop petit, la ponte est restreinte : c'est là un inconvénient qu'il faut faire disparaître, et cela serait facile si ce n'était le préjugé. Que l'on réfléchisse sans parti-pris, et l'on sera bientôt convaincu de la réalité du grave inconvénient que nous signalons ; cette conviction, que donne la réflexion, sera confirmée par les faits aussitôt que l'on voudra se donner la peine de comparer entre eux le rendement d'une petite ruche avec celui d'une ruche de grandeur convenable.

Peut-être partagerait-on notre conviction, si l'on voulait nous suivre un instant dans l'examen des ruches qui ont une grandeur suffisante.

Tout d'abord, on est frappé de la beauté des rayons, de leur fraîcheur, le parfum qui s'en exhale est agréable, le tablier est propre, les parois internes sont sèches, et les abeilles, bien groupées, annoncent la santé et la vigueur.

Pourquoi n'y a-t-il pas de moisissure, pourquoi les parois sont-elles sèches, pourquoi cette population si nombreuse et si vivace, pourquoi ce poids plus élevé ? C'est qu'il y a eu assez de place pour la reproduction, assez d'air pour l'assainissement de la ruche.

Partout dans les villages qui nous entourent, où la ruche en cloche est en usage, on trouve malgré le peu de soins donnés, et la malpropreté des supports, des cires magnifiques, des populations puissantes : la dyssenterie, la loque, y sont inconnues.

Or, ces ruches jaugent 48 à 50 litres.

Ce sont là des faits incontestables.

Si les petites ruches sont faibles de poids, sont sujettes à l'humidité, à la moisissure, à la dyssenterie, à la loque, et si, au contraire, les grandes ruches sont saines, lourdes, puissantes en population, il faut bien qu'il y ait une raison ; et cette raison, c'est qu'il y a dans les grandes *l'espace et l'air* qui manquent dans les petites.

Ces faits matériels, qui se renouvellent sans cesse sous nos yeux, que nous pouvons chaque jour constater et toucher du doigt, nous ne les voyons pas !.... nous ne les remarquons pas !....

Vous tous qui lisez ces lignes, qui possédez ou qui avez possédé des petites et des grandes ruches, rappelez vos souvenirs, et dites si nous avons tort ou raison.

C'est en vain que l'on viendra objecter la différence de la flore. Nous avons déjà indiqué en commençant les moyens d'en connaître la puissance; c'est en vain que l'on dira : les ressources n'étant pas les mêmes, la grandeur ne peut être la même.

Non, sans doute, mais les principes qui doivent guider l'apiculteur sont partout les mêmes, parce que partout l'instinct et les aptitudes de l'abeille sont les mêmes.

Est-ce à dire pour cela qu'il faille ici donner aux ruches la même capacité que là. Mon Dieu, non ; mais cela veut dire que partout où l'abeille peut vivre, quelles que soient les ressources de la localité qu'elle habite, il faut que sa demeure soit assez vaste pour lui permettre de construire les rayons nécessaires au développement de *toute sa ponte*, et qu'elle y trouve en abondance l'air nécessaire à sa santé.

En dehors de ce principe, il n'y a pas de culture sérieuse.

Si les faits que constate l'observation pratique ne suffisent pas pour former notre conviction, il faut demander des enseignements à la science, il faut voir si la physiologie de l'abeille les confirme ou les condamne.

Cette science nous apprend que de toutes les abeilles qui composent la population d'une colonie, une seule, la mère, a la puissance de reproduire l'espèce.

Cela étant, il faut chercher à connaître l'étendue de cette puissance, c'est-à-dire à combien d'individus la mère peut donner la vie, dans le cours d'une année, ou plus exactement, combien elle peut pondre d'œufs par jour dans le moment de la grande ponte.

C'est là le nœud de la question.

Les notions que nous avons sur ce point important sont peu précises et diffèrent singulièrement entre elles.

Divers auteurs portent à 300 le nombre d'œufs qu'une mère peut pondre en un jour ; ils ne disent pas si c'est pendant la grande ponte ou si c'est la moyenne de toute l'année ; dans ce dernier cas, le nombre des œufs pondus pendant le cours d'un an, s'élèverait à plus de cent mille : cela n'est pas invraisemblable; mais si cette moyenne ne s'applique qu'au moment de la grande ponte, c'est trop peu : c'est évidemment très-au-dessous de la réalité; d'autres l'évaluent à 600 pendant les jours de grande production.

Les Allemands, les Américains, estiment que dans la grande ponte, la reproduction s'élève de 2 à 3,000 individus par jour.

Nos yeux affaiblis ne nous permettant pas de suivre et de mener à bien une observation soutenue, nous sommes forcé de chercher dans les phénomènes palpables qui se produisent autour de nous, les renseignements que nous refuse l'observation visuelle. La nature a mille moyens de révéler ses secrets à l'homme attentif. Nous coordonnons les faits qui nous frappent; nous les raisonnons, et nous en tirons des inductions qui nous trompent rarement.

L'essaimage anticipé nous vient ici en aide.

Le premier essaim se compose de 10, 15 à 20 mille abeilles et plus, au moment de sa formation qui sont rendues à la mère presque instantanément par la permutation.

A partir de ce moment, la ruche est sans mère ; par conséquent, le couvain de tout âge, de 1 à 21 jours qu'elle contient, ne peut être renouvelé.

Le deuxième essaim qui lui est demandé 13 ou 14 jours après le premier, pèse 2 kilog. environ, à l'instant de l'extraction ; mis en place de la mère, il se fortifie des abeilles qui rentrent des champs, et à la fin de la journée, son poids peut s'élever à trois kilog. ou trente mille individus au moins.

La permutation redonne encore des forces à la mère qui, 7 jours après, laisse prendre son troisième et dernier essaim ; ce trévas pèse encore 1 50 à 2 kilog., soit 15 à 20 mille abeilles.

Le couvain pondu pendant 21 jours a donc produit ces deux derniers essaims, dont les populations réunies atteignent le chiffre de 45 à 50 mille, ce qui exige une production de 2,000 à 2,400 par jour.

Si l'on objecte que la ruche permutée a fourni une partie des abeilles qui ont formé les deux essaims, on peut répondre que cette dernière ruche, après ces deux saignées, possède encore le vingt-et-unième jour, une population de plus de 25 mille individus nés.

Si, acceptant cette objection, on cherche à savoir combien ces deux ruches ont produit d'abeilles, on trouve que les trois essaims ou trévas qu'elles ont fourni accusent une reproduction de 80 à 90 mille individus, dans l'espace de 21 jours.

En effet :

Le premier essaim de cette période, tiré de la souche, le treizième jour de son orphelinat, s'élève, quelques heures après la mise en place, à 30 mille abeilles et plus. Le trévas résultant de la chasse opérée du vingt-un au vingt-troisième jour peut en contenir 20 mille.

Le premier essaim obtenu de la ruche permutée donne 25 mille environ.

Voilà donc 75 à 80 mille abeilles (*) appelées à la vie

(*) Ces chiffres varient nécessairement suivant la force des ruchées, tantôt en plus, tantôt en moins, nous les présentons comme moyenne, afin de fixer les idées.

pendant la période d'incubation, et dans ce nombre, ne sont pas comprises les pertes naturelles ou accidentelles de chaque jour.

En tenant compte de ces pertes, et il le faut bien, le chiffre de deux mille œufs par jour ou de 40 à 45 mille pour 21 jours et par ruche, reparaîtrait largement.

Or, pour loger 40 ou 45 mille œufs, combien faut-il de décimètres carrés ?

Voici ce que M. Colin dit à ce sujet :

L'apothème ou petit rayon d'un alvéole d'ouvrière a une longueur de 2 millimètres 6 dixièmes .	2^{mm}	6000
Chaque côté du même alvéole a donc. . . .	3	0020
La surface en millimètres carrés est donc de.	23	4156
Donc, un gâteau d'un décimètre carré renferme 427 cellules sur chaque face, ou 854 sur les deux.		
La profondeur des alvéoles est de.	12	0000
Ceux qui servent à emmagasiner le miel ont quelquefois plus de profondeur.		
—		
L'apothème d'une cellule de bourdon est de.	3	3000
Chaque côté de cette cellule a donc	3	8110
La surface en millimètres carrés est donc de.	35	4563
Un gâteau d'un décimètre carré renferme donc 282 cellules sur chaque face, ou 564 sur les deux		
La profondeur des cellules est de.	15	0000

D'après ces calculs on peut savoir approximativement le nombre de cellules que renferme une ruche de la capacité de 27 litres.

Cette ruche contient environ 64 décimètres carrés de gâteaux.

Les gâteaux à cellules d'ouvrières sont dans la proportion des trois quarts au moins.

Il y a donc, dans cette ruche, 48 décimètres carrés de gâteaux à cellules d'ouvrières, et 16 seulement à cellules de bourdons.

Or, le décimètre carré contenant 854 cellules d'ouvrières, les 48 donnent 40,992 cellules d'ouvrières.

Et le décimètre carré contenant 564 cellules à bourdons, les 16 donnent 9,024 cellules de bourdons.

La ruche renferme donc, en cellules des deux espèces, l'étonnante quantité de 50.016 cellules.

Eh bien ! cette étonnante quantité de 50,016 cellules contenues dans une capacité de 27 litres est presque entièrement nécessaire, à un sixième près, pour recevoir tous les œufs qu'une bonne mère peut pondre dans l'espace de 21 jours.

En effet, nous avons vu que la ponte pouvait s'élever à 2,000 œufs par jour, soit 42,000 en moyenne pour 21 jours; par conséquent, si, suivant les calculs de M. Colin, 64 décimètres contiennent 50,016 cellules, il en faudra 54 et une fraction pour les 42,500 qui sont nécessaires au couvain.

En suivant toujours les mêmes appréciations : si 64 décimètres remplissent une ruche de 27 litres, 54 décimètres rempliront une de 24 litres.

On voit de suite où cela nous mène.

Tout le monde sait que dans une ruche de grandeur convenable, le couvain ne garnit pas les rayons dans toute leur étendue; il est concentré au milieu de la ruche, se portant sur le devant, à l'endroit le plus chaud, le plus à l'abri des courants d'air et des attaques de l'ennemi.

Les rayons du haut de la ruche et ceux du derrière, où les abeilles construisent souvent des magasins d'une épaisseur prodigieuse, tout spécialement réservés pour l'emmagasinement de la récolte.

Peut-on assigner à ces rayons une place moindre que celle occupée par le couvain? personne n'oserait le prétendre?

Sans pousser plus loin nos recherches sur ce point, disons :

L'espace demandé par le couvain est de. .	24 litres.
Celui nécessaire aux magasins de miel, de.	24 —
La grandeur de la ruche doit être de. . . .	48 litres.

Voilà ce que nous enseigne l'examen attentif des faits physiologiques qui se produisent sous nos yeux.

Dira-t-on que ce ne sont que des inductions? Mais il serait bien étrange que ces inductions s'accordassent si bien avec les faits matériels et qu'elles fussent fausses!

On répète sans cesse :

La *petite ruche* est forcément la ruche des pays pauvres.

Qu'entend-t-on par pays pauvres?

Serait-ce ceux qui produisent successivement la navette, le sainfoin, le sarrasin, etc.?...

Ce serait jouer sur les mots.

N'avons-nous pas vu plus haut, que dans ces pays *pauvres*, une grande ruche à côté d'une petite peut donner des poids bien supérieurs.

La *grande ruche*, dit-on encore, est la ruche des pays riches; mais n'avons-nous pas constaté aussi, que dans ces lieux favorisés, les petites ruches restent toujours inférieures aux grandes et dans des proportions considérables.

Il est évident pour nous que l'infériorité du rendement de la petite ruche tient moins encore à la pauvreté du pays qu'à son exiguité qui restreint sa population.

En résumé, si ses essaims sont moins forts que dans les autres, si ses produits sont moins abondants et moins bons, si nous reconnaissons que sa petitesse la vieillit vite et engendre la moisissure, s'il est vrai surtout que la ponte ne peut s'y développer..... il faut la rejeter de la culture.

Dira-t-on encore qu'elle est très-favorable aux petits essaims ou trévas? soit; mais alors, agrandissez-là en temps utile, disposez-là à cet effet, faites-en une ruche convenable, productive; mais sachez bien qu'elle ne sera réellement productive qu'en raison du nombre de ses rayons.

Nous sommes convaincu qu'il y a peu, bien peu de pays qui ne puissent donner à l'abeille les moyens de développer toutes ses forces productives. Les pays boisés, montagneux, qui semblent arides, et qui, au moment de la grande miellée présentent des ressources inférieures, sont le plus souvent très-favorables à l'élevage du couvain : n'y a-t-il pas là un enseignement? Plus le labeur est rude, plus il faut de travailleurs. Ne nous effrayons pas de leur nombre : aurions-nous peur qu'ils ne puissent vivre? Partout où les êtres se reproduisent naturellement, la nature a pourvu à leurs besoins : les lois de l'harmonie le veulent ainsi.

Nous pensons que tout en tenant sérieusement compte des ressources mellifères de chaque localité, il faut absolument donner aux ruches la capacité nécessaire au développement complet de la reproduction.

Nous avons vu que cette capacité rigoureuse est de 24 litres, à laquelle il faut nécessairement en ajouter une complémentaire pour suffire à l'emmagasinement de la récolte probable.

A notre avis, la capacité la plus restreinte ne saurait être au-dessous de 36 à 40 litres.

Quant aux bonnes localités de nos pays, la grandeur de 48 à 50 litres et plus nous paraît nécessaire.

Soyons logiques :

S'il est vrai que plus une ruche est peuplée, plus elle amasse; s'il est vrai que trente mille ouvrières récoltent plus que quinze mille, il est évident que le premier soin de l'apiculteur doit être de favoriser la reproduction de l'espèce.

Donc, étant donné que les fortes populations sont la base de la culture productive, il faut rechercher les moyens de se procurer ces fortes populations.

Or, un des moyens les plus naturels et des plus efficaces qui se présente le premier à l'esprit est un logement assez vaste pour répondre aux besoins de l'élevage : cela est incontestable.

Nous savons que nous heurtons ici des opinions respectées ; ce respect doit-il arrêter l'observation? Il serait puéril de le prétendre ; Nous exprimons nos convictions sans regarder en arrière ; les enseignements reçus ne nous paraissent pas suffisants : nous cherchons, et plus nous acquérons d'expérience, et plus nous sentons la nécessité de sortir des sentiers battus.

Nous avons encore en apiculture des idées fausses, des notions et des préjugés qui nuisent à son essort : il faut avoir le courage de les regarder en face et de les combattre.

Des Réunions. — Nous avons dit et répété avec tout le monde, que pour réussir en apiculture, il fallait des populations fortes.

Bien ; mais que faut-il faire pour avoir de fortes populations? Telle est la question qui se présente naturellement à l'esprit de celui qui n'a pas une pratique suffisante. Nous répondons :

Il faut former, au printemps, des colonies puissantes, entretenir leurs forces par des réunions opportunes, et les bien hiverner.

Pour former des colonies puissantes au printemps, il est nécessaire que l'apiculteur dirige l'essaimage et le fasse à l'heure opportune, parce que les bons essaims sont ceux qui viennent à propos pour profiter de la grande miellée : il faut donc les obtenir de bonne heure. *(Voir essaimage anticipé.)*

Les colonies fortement constituées se soutiennent généralement dans de bonnes conditions ; cependant il y en a qui fléchissent : il faut, ainsi qu'à tout essaim tardif, à toute ruche affaiblie, leur venir en aide par des réunions intelligemment faites (c'est ce dont nous allons nous occuper, nous verrons ensuite les conditions de l'hivernage).

Aux approches de la récolte, un véritable apiculteur se préoccupera d'assurer l'avenir de ses ruches avant de songer à préparer les barils qui doivent recevoir le miel.

Non-seulement il faut avoir des essaims forts, il faut encore que toutes les colonies qui composent l'apier soient relativement toujours populeuses; aussi, dès l'instant de l'essaimage, il faut aviser. Au milieu de l'enivrement que quelques beaux jours font naître, il semble que tout essaim a de l'avenir, que toute ruche va donner son contingent d'essaims et de miel; il ne faut pas se laisser éblouir par ces séductions : les bonnes années sont rares; il est sage de ne pas se fier à des apparences qui peuvent être trompeuses; il faut toujours agir avec prudence, on n'y perd jamais; si l'année est bonne, vous avez des colonies superbes qui vous paient de suite de vos soins; si elle est mauvaise, vous avez sauvegardé l'avenir.

Tout essaim tardif ou faible sera fortifié sans délai, *au moment même* de son émission; il faut qu'il possède au moins 2 kilos 1/2 d'abeilles. Tous les essaims primaires qui auront faibli, et toutes les colonies épuisées que l'on veut conserver seront secourues sérieusement par l'adjonction de populations suffisantes ou par la permutation, dès que l'on s'aperçoit de leur faiblesse.

Aussitôt après la récolte, en prévision de l'hivernage, on s'assure que les colonies ne sont pas orphelines, qu'elles ont des populations, des provisions et des bâtisses suffisantes.

On fortifie alors par des réunions toutes les colonies que l'on se propose de *mener* aux sarrasins ou aux bruyères. A défaut de trévas ou de colonies libres, on réunit des ruches, abeilles et édifices, deux ou trois ensemble, autant de colonies faibles qu'il en faut pour constituer une force capable de profiter des dernières ressources.

Mener aux pâtures de faibles ruchées, c'est perdre son temps et son argent : il faut se hâter de les fortifier, mais si l'on ne peut pas faire de l'apiculture pastorale, il vaut mieux ajourner ce travail jusqu'aux derniers jours de l'automne. A cette dernière époque, la température a baissé, le travail a cessé, le moment du repos est venu, il ne s'agit plus que de prendre les dernières précautions pour bien passer l'hiver. Aidons nos ouvrières, augmentons leur nombre et leur approvisionnement pour que la chaleur soit plus grande et les besoins assurés. Ces opérations se font avec la plus grande facilité : la moindre précaution empêche le pillage, la tuerie et la déperdition, tandis qu'en été, provoquée par l'élévation de la température, par la présence du couvain, l'agitation est très-considérable, les luttes quelquefois mortelles, et toujours difficiles à éviter.

Après l'hiver, aux approches du printemps, il ne faut pas hésiter à réunir encore les colonies appauvries ou qui ont perdu leur mère pendant la mauvaise saison. Deux ruchées réunies en un instant produisent plus que ces deux colonies restées séparées; toutefois, si au printemps une colonie faible en provisions et en bâtisses était vivace et possédait une bonne mère, il suffirait de l'alimenter et d'augmenter ses bâtisses pour en faire une ruche prospère.

Il est essentiel que les bâtisses des ruches réunies se touchent, se raccordent; sans ce soin, la réussite est compromise.

L'emploi de la fumée est aussi un auxiliaire dont on ne peut se passer; sans ce secours puissant, les abeilles se tuent, le pillage est à craindre, et l'apiculteur est martyrisé.

Pour faire une réunion, on introduit la douille du soufflet entre le couvercle et la hausse supérieure de la ruche qui doit être placée au-dessous; après avoir lancé quelques jets de fumée, on enlève le couvercle, puis on lance de la fumée à l'autre ruche, jusqu'à ce qu'elle soit en bruissement; on la retourne, on enlève les hausses inférieures qui ne contiennent pas de provisions, on asperge les rayons avec un peu de miel, et on pose cette ruche ainsi réduite sur celle dont on a enlevé le couvercle; les deux parties étant réunies, on projette de nouveau quelques bouffées de fumée, pour rendre le bruissement général et faciliter la réunion pendant que toutes les abeilles sont en cet état. La mère de la ruche inférieure sera sacrifiée à la tranquillité publique.

Les réunions avec les ruches à rayons mobiles sont plus faciles encore qu'avec les ruches à hausses; on enlève chaque rayon à volonté, et on le met à la place qui lui est destinée. Il y a en cela une facilité d'évolution inappréciable.

Il est bien entendu que tous les rayons contenant du couvain sont placés à côté les uns des autres, afin de faciliter le groupement des abeilles.

Remarque. — La réunion des populations au moment de la récolte, donne instantanément des résultats merveilleux; mais pratiquée après la récolte, en vue de l'hivernage, elle est loin d'en donner d'aussi satisfaisants, car, outre les difficultés de l'opération, la vie de l'abeille est courte, et les populations diminuent vite.

En sorte que donner une population à une petite ruchée après la récolte, dans le seul but d'augmenter la population, c'est à peu près peine perdue.

Mais la réunion des colonies avec leurs édifices, a une toute autre efficacité. Pourquoi? Serait-ce parce que l'ensemble des bâtisses constitue un milieu qui favorise l'aération et conserve une uniformité de chaleur qui contribue à la santé et à la longévité des êtres qui l'habitent. La capacité de la ruche étendue autant qu'il convient, et les bâtisses qui la remplissent sont pour l'abeille une source de vie dont l'effet salutaire se fait sentir jusque sur la matière inerte : la cire conserve sa fraîcheur et son arôme, le miel paraît plus pur, le pollen n'est pas altéré, la moisissure n'a pas envahi les rayons, et si vous soulevez cette ruche, un parfum agréable s'en exhale : c'est que le vaisseau se trouve dans les conditions hygiéniques les meilleures pour la santé et le bien-être de l'insecte.

Hivernage. — L'hivernage est une des plus importantes opérations apiculturales. D'un bon hivernage dépend l'avenir de l'apier, puisqu'il assure la force et la conservation des colonies sur lesquelles cet avenir est fondé, car pour avoir de fortes populations au printemps, il faut qu'elles soient fortes à l'automne, et pour qu'elles se conservent puissantes pendant l'hiver, il faut qu'elles aient des provisions abondantes.

Une ruche faible à l'automne sera faible au printemps, et le plus souvent ne vaudra pas les soins et les sacrifices faits pour elle.

Il ne suffit pas de *sauver* une ruche faible, il faut que cette ruche produise, ou l'on fait fausse route. Si elle est faible, quels que soient les soins tardifs qu'on lui donnera, elle restera faible; elle se refera peut-être, mais elle ne produira pas ; et cela, parce que la force lui manque, parce que la chaleur intérieure ne peut s'élever assez pour permettre au couvain de s'étendre et de se développer en temps utile.

Perdre son temps et dépenser son argent à faire passer l'hiver à de mauvaises colonies, c'est courir à sa ruine.

Pour qu'une ruchée soit dans de bonnes conditions hivernales, il faut :

1° Que sa population soit forte et vivace ; 2° que son approvisionnement, au moment où l'abeille ne trouve plus rien aux champs, soit de 10 à 12 kilos, si l'on suit l'ancien mode de culture, et de 15 à 20, si l'on pousse à la ponte, suivant l'enseignement moderne ; 3° que sa capacité soit de 35 à 40 litres, et qu'elle soit bien garnie de bâtisses.

Dans ces conditions, la population conserve une chaleur uniforme et constante, qui exerce sur sa santé et sur sa vigueur une influence heureuse, qui se traduit au printemps par un couvain nombreux et précoce.

Après s'être assuré que toutes les ruches ont des populations et des provisions confortables, il faut songer à les garantir contre le vent, la pluie, le froid, l'humidité, et contre les attaques des rongeurs.

Visiter minutieusement chaque ruche, boucher avec soin toutes les fentes ou fissures, tous les trous qui pourraient occasionner des courants d'air à l'intérieur. Cela fait, poser la ruche sur un plateau propre et suffisamment joint pour empêcher l'entrée des souris, puis la recouvrir d'un bon paillasson ou surtout.

Voilà pour les ruches isolées, placées en plein champ; celles qui sont sous des ruchers couverts, exigent des soins semblables; seulement au lieu de paillassons qui seraient gênants, on les enveloppe et on les recouvre de paille ou de foin, que l'on enlève facilement au retour du beau temps, ou bien encore on les entoure avec des paillassons de jardinier.

Ces précautions prises, il en reste une autre qu'il ne faut pas négliger, la plus importante de toutes, peut-être, c'est de leur procurer un aérage confortable, suffisant pour les préserver de l'humidité; l'humidité vicie l'air et, qu'on le sache bien, la moisissure, la mortalité du couvain, la dyssentrie et la loque même, sont avec une nourriture malsaine, les conséquences naturelles et funestes du défaut d'air.

Si la ruche a besoin d'être soigneusement calfeutrée par le haut, pour éviter les courants d'air à l'intérieur, elle a non moins besoin de recevoir par le bas, avec abondance, l'oxygène, l'air pur et vivifiant.

Pour celà, il suffit de séparer la ruche de son siége, par de petites cales très-minces, d'un demi-centimètre d'épaisseur, ou de ménager au centre du plateau une large ouverture que l'on bouche entièrement avec un morceau de tôle perforée, qui présente aux souris un obstacle insurmontable, ce qui donne tout à la fois aérage et sécurité.

Les mêmes précautions de sûreté doivent être prises avec les ruches à cadres mobiles, même pour l'aérage, lorsque leur construction ne permet pas à l'air de circuler suffisamment à l'intérieur, autour des cadres.

Quelques possesseurs d'abeilles se croyant mieux inspirés que les autres, conseillent d'hiverner les ruches faibles en les mettant au grenier, dans les tas d'avoine (comme s'il était permis en principe d'hiverner des ruches faibles), prétendant qu'elles consomment moins. Cette prétention n'est pas bien prouvée, et le fût-elle, que ce moyen ne pourrait être employé que par ceux qui ont beaucoup d'avoine et peu d'abeilles. Mais une considération plus grave encore s'oppose à l'adoption de ce procédé : c'est que les abeilles qui ont manqué d'air, s'en ressentent : elles sont moins alertes, moins vives, moins ardentes à la récolte et ont souvent de la peine à se refaire en temps utile. Ces observations s'appliquent à ceux qui veulent hiverner dans des celliers *secs ;* d'abord il faut avoir des celliers ***secs,*** et ensuite les avoir près des apiers, car s'il fallait transporter les ruches, cela occasionnerait des frais, et la consommation pourrait être plus grande que celle que l'on prétend éviter.

Ceux qui proposent ces petits expédients, ne songent pas, *chose grave,* que les abeilles éprouvent le besoin impérieux de *prendre l'air* et de *se vider,* aussitôt et toutes les fois que la température s'élève. Il faudrait donc être toujours là, prêt à les retirer de leur cachette et à les y remettre à propos.

Il est évident que ces expédients n'ont pu être imaginés que par ceux qui n'ont que quelques ruches près de leur maison et qui en font amusement.

Ce n'est pas là de l'apiculture.

C'est dire assez que nous repoussons de toutes nos forces l'idée d'enterrer les ruches comme on enfouit les betteraves ; ceux qui préconisent l'usage russe, si usage il y a, ne songent pas que nous ne sommes pas en Russie ; ils ne tiennent pas compte de la différence des climats, ils ne réfléchissent pas que dans ces pays les hivers sont courts, et le froid excessif et continu ne permet pas à l'humidité de produire ses funestes effets. En est-il de même ici ? Nos hivers sont incomparablement plus longs, plus anodins, et sont semés de gelées et de dégels successifs. Il n'est pas démontré d'ailleurs que l'enterrement usité en Russie, soit un usage généralement adopté ; il ne l'est peut-être que par quelques amateurs, mais fût-il général, rien ne prouve qu'il ne pourrait pas être remplacé par un procédé meilleur. L'abeille bien hivernée résiste à des froids excessifs... Est-ce que dans les vastes forêts de ces pays froids l'on ne trouve pas des colonies ayant vécu et passé l'hiver dans des troncs d'arbres ou dans des fentes de rochers? Et quand pour appuyer ces procédés *anti-pratiques*, on affirme que l'abeille engourdie par le froid ne respire plus, ne vit plus, on fait une erreur palpable, puisque l'on convient en même temps qu'elle consomme... *Si elle consomme, elle vit*, c'est évident.

Non-seulement, disons-le encore, l'abeille a besoin d'air pour vivre, il lui en faut beaucoup pour conserver sa vigueur; l'enterrement, comme l'asphyxie momentanée appauvrit sa santé; ce serait donc une singulière pratique que celle qui aurait pour résultat d'économiser quelques centaines de grammes de nourriture pour se priver des avantages de la récolte. Malheur à l'apiculteur qui en est réduit à de tels expédients! C'est qu'il ne comprend pas son art, c'est qu'il n'a pas suivi les enseignements de la prudence, et qu'il est encore sous le joug de la routine!...

Mais il n'y a pas même économie de nourriture; les colonies bien hivernées qui peuvent consommer 8 à 9 kilos depuis le commencement de la saison morte jusqu'au retour de la miellée, ne consomment guère que 1 k. à 1 k. 1/2, depuis la fin d'octobre jusqu'au mois de février. C'est précisément ce que consomment pendant le même temps les ruches enterrées; où est donc l'économie? Que vaut donc ce procédé?

Nous nous sommes étendu sur ce sujet important, afin de prémunir ceux qui manquent de pratique contre l'emploi d'expédients peu sérieux, condamnés par l'expérience, contraires à la raison, et qui n'amènent que des déceptions et du découragement.

De la forme des ruches. — Un point important. qui a préoccupé et préoccupe encore fortement les esprits, c'est la forme à donner aux ruches.

Tout en désirant vivement une forme de ruche *parfaite,* c'est-à-dire aussi *avantageuse à l'abeille* qu'à *l'apiculteur,* nous n'avons jamais pensé qu'il y eût en cela matière à se passionner aveuglément.

Les abeilles acceptent volontiers toutes les ruches, elles s'accommodent de toutes les formes; mais disons-le sans crainte d'arrêter les efforts qui tendent au perfectionnement, la forme conique est celle qui paraît le mieux leur convenir. Nous n'avons vu nulle part des populations plus belles, plus vivaces, plus saines, des constructions plus fraîches, une santé plus parfaite que dans les grandes ruches en cloches de nos paysans champenois !

Est-ce à dire pour cela qu'il faille s'arrêter et s'en tenir là. Non certes, car cette forme de ruche d'une seule pièce ne se prête pas assez aux exigences de la culture et encore moins à celles de l'observation.

Mais il nous semble que dans nos recherches pour trouver mieux, nous ne devons pas perdre de vue cette sorte d'enseignement qui s'accorde du reste avec les faits observés. Les abeilles à l'état libre construisent leurs rayons perpendiculairement, sans doute afin de former un groupe compacte produisant une chaleur plus grande, plus égale autour de leur couvain, qui en occupe le centre. Donc, la forme qui convient le mieux à leurs instincts, est la forme conique verticale, un peu plus haute que large, parce que cette forme concentre le mieux la chaleur, facilite le mieux le groupement des abeilles, et offre à la mère de larges rayons sans solution de continuité, pour y déposer ses œufs. C'est à nous de rechercher les moyens de satisfaire le plus possible à ces besoins impérieux. Il est évident que la ruche composée, qui se rapprochera le plus de ces conditions, sera la meilleure.

Il est nécessaire de faire une grande distinction entre la ruche de production et la ruche d'observation.

Il est naturel que le savant et l'amateur préfèrent la ruche qui se prête le mieux à leurs études ; il est non moins naturel que le praticien recherche celle qui facilite le mieux ses opérations.

Dans nos inventions, n'oublions pas que le bien-être de l'abeille s'accorde avec notre intérêt. Donnons-lui une demeure saine, chaude, bien aérée, qui ne contrarie pas ses instincts, qui réponde à ses besoins, et qui puisse, quand il le faut, se rétrécir ou s'agrandir, afin de pouvoir à volonté réunir les populations trop faibles pour les fortifier, pour compléter leur approvisionnement ou bien pour enlever leur superflu, sans briser leurs rayons et sans leur causer de dérangement sensible. Voilà ce que nous avons à faire.

Quelque dédain que nous puissions avoir pour telle ou telle forme de ruche critiquée et abandonnée après avoir été applaudie, il n'en serait pas moins très-intéressant d'étudier ces conceptions, qui marquent les pas lents du progrès; il serait bon d'en chercher les motifs : nous y trouverions certainement plus d'un enseignement utile.

Nous devons être sobre de détails, aussi nous bornerons-nous à donner la figure de quelque types principaux en usage, afin de servir de point de comparason.

Ces deux premières figures représentent les ruches

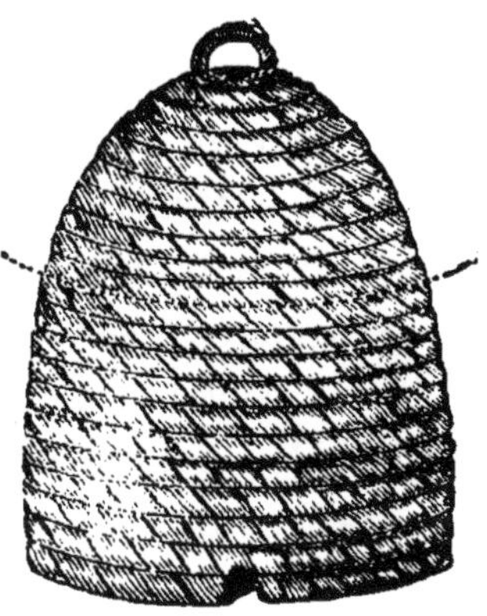

Ruche vulgaire en paille.

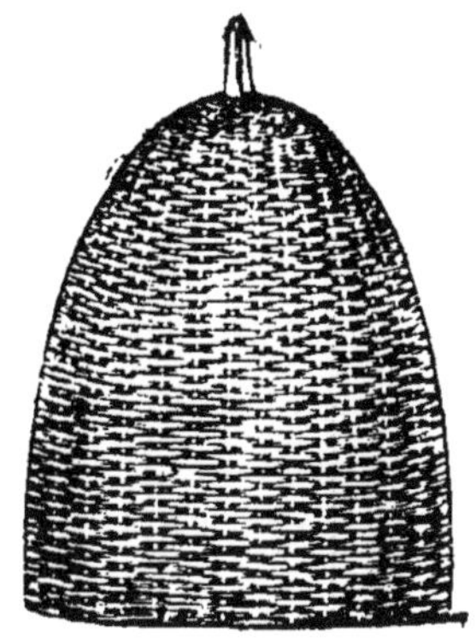

Ruche vulgaire en petit bois.

vulgaires en cloche; on pourrait dire que c'est la ruche primitive, celle qui a succédé au tronc d'arbre, tantôt en paille, tantôt en osier, suivant les diverses contrées ; cette ruche affecte aussi des grandeurs différentes ; ici, elle présente une capacité de 45 à 55 litres ; ailleurs, 20 à 25 à peine. *(Voir capacité des ruches.)* Il nous paraît évident que ceux qui les mirent en usage ne se rendirent pas compte des exigences de cette culture, notamment au point de vue de la reproduction.

Ces sortes de ruches, excellentes pour l'emmagasinement du miel, ont le défaut grave de ne pouvoir se prêter aux opérations essentielles de la culture perfectionnée. Elles ne permettent ni la récolte partielle, ni les réunions, points très-importants, ce dernier surtout. Nous ne dirons pas qu'il faille les transformer, les scier en deux quand elles sont pleines : c'est un travail difficile et dangereux, qui ne peut être tenté que par une main exercée; mais nous enseignerons, avec M. Beuve, professeur d'apiculture de l'Aube, combien il est important d'y faire une modification qui, sans changer la forme, lui donnera une valeur qu'elle n'a pas; c'est de *rendre la poignée mobile,* afin de permettre le nourrissement par le haut, et mieux encore de donner la mobilité *au dessus* même de la ruche; cette mobilité ne serait-elle que de la largeur d'une assiette, les réunions par superposition seraient possibles, et cela est inappréciable; la ruche en paille se prête très-bien à cette modification. Nous n'hésitons pas, avec M. Beuve, à transformer la ruche en cloche en ruche à hausses, en lui laissant sa forme sphérique; cette tranformation est aussi facile qu'avantageuse.

Les ruches normandes que voici, révèlent une idée;

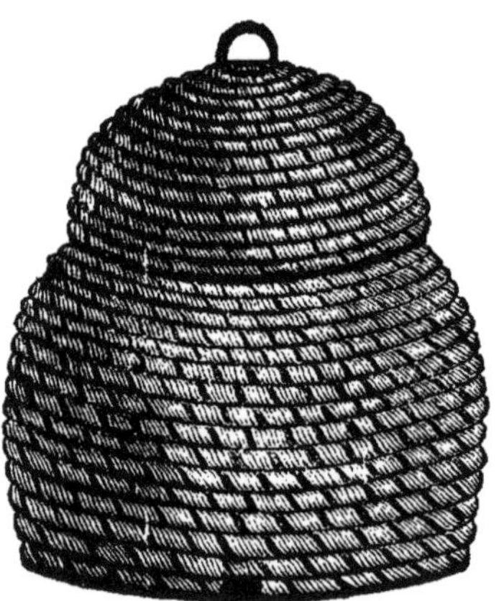

Ruche normande à calotte.

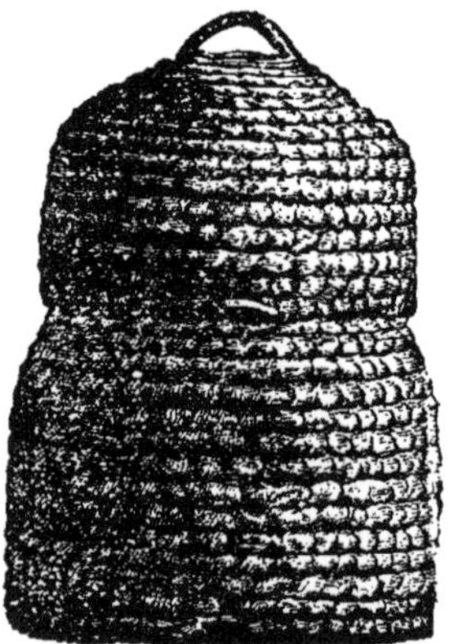

Ruche normande.

il y a évidemment étude et calcul; avantageuses peut-être pour la culture locale, elles ne possèdent pas, cependant, les conditions de capacité exigées pour la reproduction.

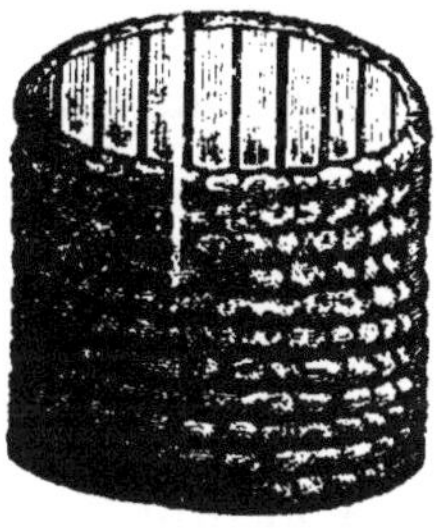

Ruche lombarde.

La ruche lombarde que représente cette gravure, est l'expression d'une autre idée ; cette idée a vieilli. Le plancher qui sépare le corps de ruche de la calotte est repoussé généralement parce qu'il brise la continuité des rayons et nuit au groupement.

Voici les ruches à hausses en paille et en bois, telles qu'elles sont généralement pratiquées :

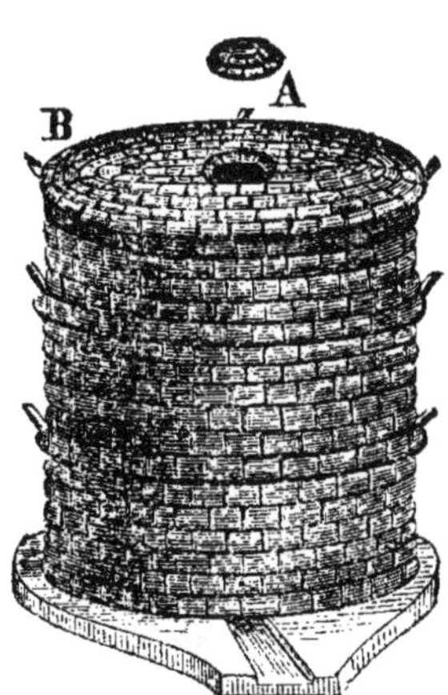

Ruche à trois hausses en paille.

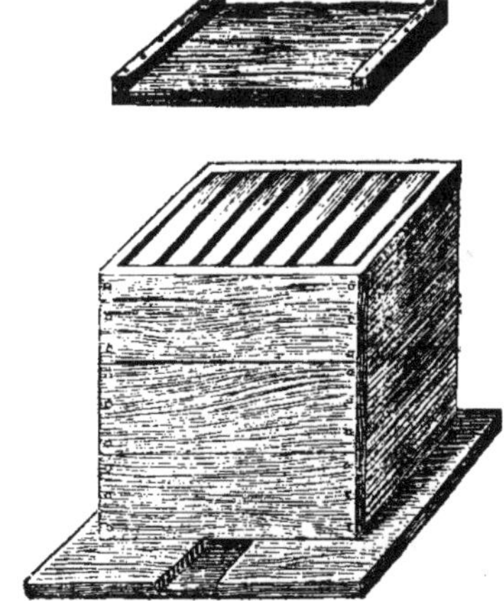

Ruche à trois hausses en bois.

Les grillages, distancés régulièrement, ont la largeur exacte du rayon ; cet agencement isole en quelque sorte chaque hausse, dont l'enlèvement se fait avec une extrême facilité, sans la moindre brisure de rayons ou d'alvéoles, ce qui permet de démonter la ruche pleine avec autant d'aisance et de rapidité que si elle était vide, avantage précieux pour les manipulations nécessitées par la récolte partielle ou par les réunions. Ces avantages incontestables ont donné à cette ruche, pendant de longues années, une vogue considérable.

Nous nous en sommes servi longtemps, et nous nous en servons encore, mais non sans lui avoir fait subir de grandes modifications. L'observation attentive des faits nous a fait reconnaître que les dimensions de cette ruche, 33 centimètres de diamètre, sont trop étroites ; elles en font forcément, par les agrandissements successifs, une ruche *haute,* et les grillages trop serrés, trop massifs, produisent fatalement des solutions de continuité dans les rayons, fort préjudiciables à l'élevage et à la récolte ; l'air ne circule pas suffisamment, la cire durcit, noircit vite, le pollen s'altère et la moisissure survient.

Il fallait de toute nécessité remédier à cela ; pour y arriver, il s'agissait de s'inspirer des enseignements d'une saine pratique.

La ruche basse est plus avantageuse que la ruche haute, et le nid à couvain doit être assez vaste pour recevoir, dans des conditions convenables, tous les œufs qu'une mère féconde peut produire dans la période d'incubation, qui est de 21 jours.

Dès lors, le problème posé se simplifie, et la solution en devient facile.

La ruche dont nous venons de parler se compose, à son état complet, de 3 hausses de 33 centimètres de diamètre, sur 16 de hauteur, ce qui lui donne une trop grande élévation sur une surface trop étroite ; il est évident qu'il convient tout d'abord d'en réduire la hauteur, et de lui donner plus de largeur, et comme il est reconnu que les ruches évasées par le bas sont très-saines, nous nous sommes attaché à la modification que voici :

Deux hausses composent cette ruche : une grande de 37 centimètres de diamètre, sur 20 de hauteur, surmontée d'une hausse plus étroite ou d'une calotte bombée dont les rebords extérieurs se raccordent avec les rebords intérieurs de la hausse principale. Cette grande hausse ou corps de ruche, est munie à sa partie supérieure d'un grillage régulier composé de barrettes étroites, ou seulement de six baguettes parallèles, de force suffisante pour soutenir les édifices, tandis que la petite hausse formant couvercle est grillagée complètement comme à l'ordinaire ; il suffit qu'elle puisse contenir quelques kilogrammes de miel, six ou huit environ, complément de l'approvisionnement d'hiver. Cette ruche, ainsi composée, cube de 40 à 45 litres, capacité convenable pour passer l'hiver. Au retour du printemps, elle est agrandie suivant les besoins connus de la localité, par l'addition de hausses supplémentaires.

Il est bon de remarquer que cette ruche se trouve plus étroite par le haut que par le bas, et se rapproche beaucoup de la forme conique verticale ; elle l'est tout-à-fait, si au lieu d'une hausse on la couvre d'un couvercle bombé.

Les hausses supplémentaires à mettre en dessous, pour l'agrandissement, ou au-dessus pour le calottage, sont grillagées régulièrement, afin de pouvoir se servir des bâtisses qu'elles contiennent, soit pour le calottage, soit pour la formation des colonies nouvelles.

En ayant soin de rendre mobiles les grillages des hausses destinées au calottage, on peut vider les rayons à l'extracteur, pour les utiliser de nouveau, soit comme bâtisses, soit comme calottes, s'il y a lieu. C'est un moyen commode d'augmenter sans peine, et sans qu'il en coûte qu'un peu de soin, le nombre des bâtisses pour la campagne suivante.

Cette ruche à grandes hausses grillagées paraît remplir assez bien toutes ces conditions ; on peut la considérer comme bonne ruche de production.

Il est une autre ruche qui se prête encore mieux aux petites divisions, et qui est pour l'observation et l'élevage des mères d'une supériorité incontestable. C'est la ruche à cadres mobiles. Son prix élevé, les soins continuels et les précautions qu'elle réclame, nuisent à sa vulgarisation, et sa supériorité au point de vue *hygiénique* et de la *production*, est loin d'être prouvée. Toutefois, ses qualités la rendent vraiment la ruche de l'observateur.

La ruche à hausses est plus simple, la ruche à cadres est plus savante.

Si nous préférons la ruche à hausses modifiée comme nous venons de le dire, c'est parce qu'elle suffit largement aux besoins de la culture productive, c'est parce qu'elle se rapproche de la ruche verticale, c'est parce qu'elle est simple, qu'elle exige moins de soins et qu'elle peut à la rigueur se passer de bâtisses *(voir bâtisses)*, tandis que la ruche à cadres ne peut s'en passer : il lui faut des rayons régulateurs quand même, pour empêcher les abeilles de s'emporter et de bifurquer leurs édifices, surtout en temps de miellée ; sans bâtisses, cette ruche exigerait en certains moments des soins tellement multipliés pour diriger le travail, que le praticien ne pourrait y suffire.

C'est là un grave désavantage qui, selon nous, pourrait être conjuré en partie du moins par l'amélioration des modes de culture mobiliste, actuellement en usage. *(Voir mobilisme.)*

Ruche Langstroth établie en plein air.

Le modèle que nous présentons ici est la ruche américaine de Langstroth ; la grandeur, l'élévation ou la largeur des cadres et des ruches, varient à l'infini. Nous ne nous y arrêterons pas, seulement, nous noterons en passant une différence marquée dans la manipulation des cadres : en Amérique, ils s'enlèvent par le haut ; en Allemagne, ils se retirent par le derrière ou par le côté : cela n'a pas grande importance.

Cette ruche a servi de base au système américain, comme celle de Berlepsch, au système allemand ; ces ruches ont été très-simplifiées et fort améliorées.

Avant eux, le célèbre Dierson avait donné le signal, en utilisant, pour l'élevage des mères italiennes, l'idée du mobilisme, qui nous vient des Grecs ; sa ruche, trop compliquée, n'a pu être acceptée pour la production.

Voici la ruche à feuillets de Huber : c'est une conception large, bien digne de son auteur. Quoique faite pour l'observation, elle mérite toute l'attention du praticien ; c'est l'idée mère qu'il faut étudier, comme tout ce qui vient de cet observateur illustre.

Ruche à feuillets.

La ruche mobile a encore d'autres défauts : sa pesanteur la rend peu maniable, elle a aussi jusqu'à présent celui de ne pouvoir être construite en paille, ce qui est bien regrettable et ce à quoi il faudrait pouvoir parvenir, car la paille étant mauvais conducteur de la chaleur et du froid, maintient dans l'intérieur de la ruche une chaleur uniforme et constante bien précieuse pour la santé des abeilles, tandis que les planches en bois qui servent à la confectionner, subissent trop fortement les influences du dehors ; elles se renflent à la pluie, se dessèchent et se gercent au soleil : Les revirements brusques de la température nuisent au couvain, peuvent le tuer et causer la dyssentrie ou la loque. Les cloisons en paille, dont on les enveloppe actuellement, amoindrissent ces graves inconvénients, mais à quel prix!

Est-ce qu'il ne serait pas possible de faire avec de la paille une ruche de forme conique, à rayons mobiles? Pourquoi pas? Cependant, si l'on peut, sans inconvénient, se passer de cette ruche pour la production, elle est indispensable pour l'observation, qu'elle facilite beaucoup ; sous ce rapport, elle a droit à une place d'honneur, même au rucher de l'apiculteur fixiste.

Si nous préférons les ruches composées, ce n'est pas parce qu'elles produisent plus de miel que les ruches d'une seule pièce, assurément non, car si une forme de ruche peut exercer une influence quelconque sur le rendement, c'est certainement celle qui convient le mieux à l'instinct et aux *besoins* de l'abeille. Les ruches en elles-mêmes n'ont de valeur productive, relative et réelle, que par des méthodes qu'elles facilitent. Les ruches composées présentent précisément l'avantage de favoriser les méthodes; elles permettent l'agrandissement ou le rétrécissement des ruches, suivant les exigences du moment ; elles se prêtent admirablement à la récolte partielle, aux réunions, voir même à l'élevage des mères, à leur renouvellement, et surtout à la formation des bâtisses : c'est bien assez pour mériter la préférence. Et quand on considère combien le maniment des hausses est facile, on ne s'explique pas la résistance que l'on éprouve à leur propagation. Un peu de fumée jetée aux abeilles les refoule et permet l'enlèvement ou l'adjonction de la hausse ou du cadre, c'est affaire d'habitude.

Disons en passant qu'en Algérie et dans le Midi, on pratique assez généralement une ruche longue, construite très-économiquement, pareille à celle représentée par cette figure.

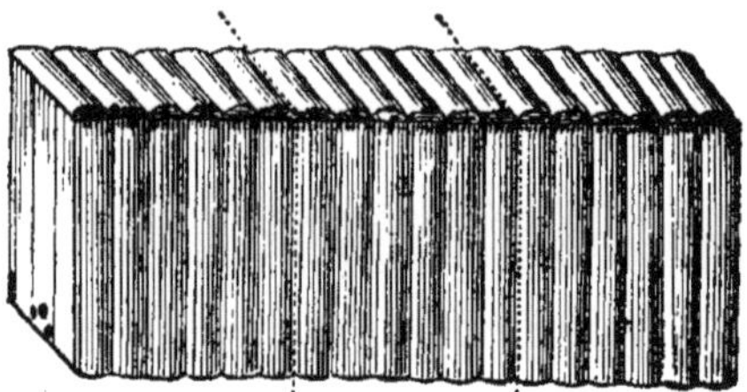

Ruche arabe.

Les troncs d'arbres couchés et les ruches en poterie, en paille, ou autre matière, ont eu des partisans distingués; elles sont encore en usage dans certains pays où le progrès n'a pas pénétré.

Disons un mot des ruches d'observation.

« Une bonne ruche d'observation, dit M. Hamet,
» doit permettre de visiter toutes les parties des édifi-
» ces des abeilles, et d'en suivre tous les travaux, sans
» les déranger. »

C'est juste, mais nous n'en connaissons pas qui remplissent exactement toutes ces conditions.

Laissons parler l'auteur du *Cours pratique d'Apiculture :*

« La plupart des *ruches vitrées* ne remplissent pas ces conditions, attendu qu'elles ne laissent voir que quelques rayons à l'endroit des vitres et que le reste est caché. Avec sa ruche à feuillets, Huber put porter ses investigations d'un bout à l'autre des édifices ; mais la ruche à feuillets a ses inconvénients : devant être ouverte chaque fois qu'on veut faire une observation, les abeilles peuvent se jeter sur l'observateur et le contraindre à fuir.

» M. Mona a imaginé une ruche à feuillets qui rend l'observation facile. Son feuillet circule autour du piquet en fer placé dans le plancher. Deux pitons l'attachent à ce piquet. Sa ruche est composée de neuf cadres, et elle s'ouvre comme un livre ; de plus, chaque cadre s'enlève à volonté. Une boîte mobile enveloppe les feuillets.

« Il n'est qu'une sorte de ruche, dit Bosc, qui puisse » remplir complètement l'objet du philosophe observa- » teur et du naturaliste : ce sont celles qui ne sont com- » posées que par un seul rayon parrallèle aux carreaux. »

» Depuis Bosc, plusieurs apiculteurs ont modifié la ruche plate, qui présente le grand avantage de laisser voir tous les travaux des abeilles, mais qui a l'inconvénient de n'être pas habitable en hiver, ou du moins dans notre latitude, attendu que les abeilles n'y peuvent entretenir le degré de chaleur dont elles ont besoin.

» Il importe cependant de faire des observations pendant la saison froide. Dans ce cas, on est obligé de recourir à la ruche à feuillets ou à celle à cadres mobiles, qui en est une modification.

» On peut réunir la ruche plate proposée par Bosc à une ruche à cadres mobiles, et avoir ainsi une combinaison qui permette l'observation en tout temps. C'est ce que nous avons fait dans la ruche d'autre part. Cette ruche se compose donc de deux parties principales : un corps de ruche qui reçoit douze cadres en deux étages (il pourrait en recevoir davantage, c'est-à-dire être plus profond) et un chapiteau qui ne loge qu'un cadre. Le corps de ruche se compose d'une boîte de 40 centimètres de hauteur sur 40 centimètres de largeur et 22 centimètres d'épaisseur dans œuvre, ayant deux châssis mobiles, recouverts de volets également mobiles qui permettent l'entrée et la sortie des cadres. Ces cadres ont 17 centimètres de haut sur 385 millimètres de large; les barres du haut de 3 centimètres environ de largeur; des clous ou des pitons établissent l'intervalle demandé. Ces cadres circulent sur des tasseaux minces fixés aux parois ou dans des rainures ménagées dans les parois latérales. On peut établir un fil de fer en

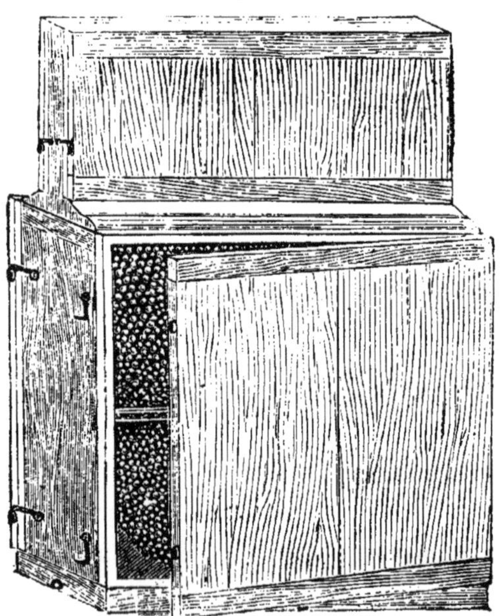

Ruche d'observation.

saillie, et si les portées de soutènement des cadres sont une pointe, la propolis n'a pas de prise sur ces parties minces. Le chapiteau a deux volets, mais il n'a qu'un seul châssis mobile pour l'entrée du cadre que l'on veut particulièrement observer. Une issue est ménagée au chapiteau. La largeur du chapiteau est la même que celle du corps de ruche ; sa hauteur dans œuvre est celle du cadre, plus 2 ou 3 millimètres pour la circulation facile de celui-ci ; son épaisseur est de 43 millimètres de vitre à vitre.

» Les planchettes inférieures et supérieures des cadres doivent être taillées à angles saillants intérieurement. Malgré ces saillies, il est bon de coller à la planchette du haut un petit fragment de rayon qui déterminera les abeilles à travailler parallèlement aux vitres.

» Il faut se servir de bois épais pour les montants et le dessus de cette ruche, et, pour les volets, il faut en choisir qui se déjette le moins possible. Le tablier est une planche entaillée. La ruche doit être placée de manière que l'observateur puisse aisément en approcher.

» On ne saurait trop recommander de tenir bien couverte en hiver toute ruche qui a des vitres ; car il se fait contre ces vitres une condensation de vapeur qui produit de la glace lorsque le froid est vif et de l'humidité lorsqu'il est plus tempéré.

» Une ruche d'observation est indispensable dans tout grand rucher et à tout apiculteur qui désire s'instruire ; elle lui permet de se procurer facilement du couvain d'ouvrières, lorsqu'il s'agit de donner artificiellement une mère à une ruche qui a perdu la sienne et qui ne possède pas d'éléments pour la remplacer ;

elle lui sert de baromètre au moment des travaux et lui procure des distractions et des sujets d'étude pendant toute l'année. »

Ennemis des Abeilles. — L'abeille a de nombreux ennemis; les uns, comme les oiseaux insectivores, s'attaquent à elle-même; les autres, comme les rongeurs, convoitent son butin.

Il n'est guère possible de les défendre contre les oiseaux qui, dans un mouvement rapide, les saisissent au milieu des airs, ni contre les crapauds, ni contre les grenouilles qui les happent lorsqu'en venant faire provision d'eau dans les lieux humides, elles s'en approchent trop, ni contre la philante ni le frelon qui les enlèvent des fleurs pendant qu'elles butinent. Mais on peut facilement les mettre à l'abri des attaques des rongeurs qui s'introduisent dans les ruches pour faire leurs déprédations ; il suffit que le siége de la ruche soit bien joint et que l'entrée des abeilles soit large mais assez peu élevée pour ne pas laisser passer une souris. Un demi-centimètre d'élévation suffit pour les empêcher d'entrer, sans nuire en rien à la circulation des abeilles et à l'aérage de la ruche. On peut aussi se servir utilement de petits grillages horizontaux que l'on place devant l'entrée des ruches ; les grillages verticaux ont l'inconvénient de gêner les abeilles lorsqu'elles rentrent chargées de pollen. Ces moyens de défense sont simples et faciles à employer : l'apiculteur qui les néglige est bien coupable et ne peut s'imputer qu'à lui seul les effets désastreux de son insouciance.

Malheureusement, il est un ennemi bien autrement redoutable, que les grillages n'arrêtent pas, que les

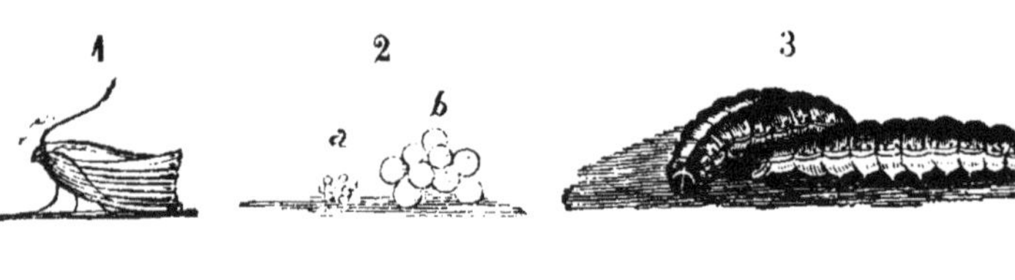
1
2
a
b
3

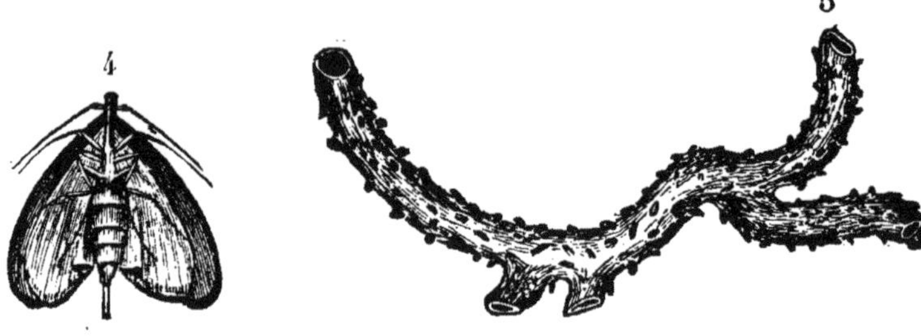
4
5

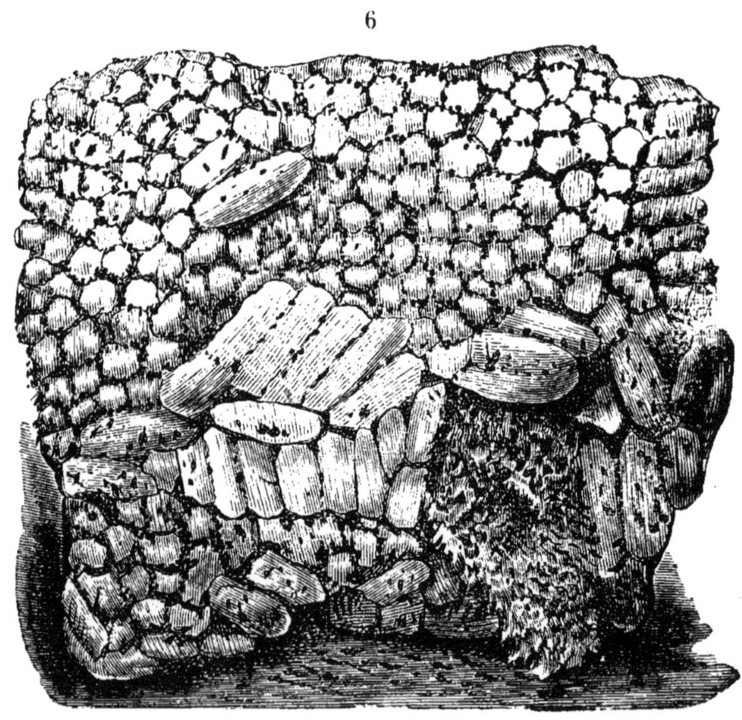
6

1

2

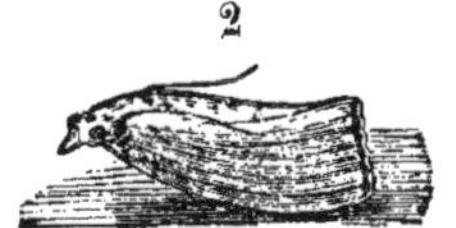

3

efforts de l'homme ne peuvent atteindre. Il s'introduit dans les moindres fissures, il y dépose ses œufs qui bientôt se transforment en vers. Ces vers, horribles chenilles, s'attaquent aux rayons de cire, s'y installent, y forment des galeries fortes de tissus soyeux, qui leur servent d'abri, les allongent sans mesure d'un gâteau à l'autre, qui bientôt se trouvent transformés en une masse inextricable de tissus filandreux et tenaces que l'abeille ne peut pénétrer, et la ruche est perdue. Lorsque ces vers hideux ont pris leur accroissement, ils se réunissent dans les petites cavités, dans les fentes qu'ils trouvent le long des parois de la ruche, s'y blotissent les uns contre les autres pour accomplir leur métamorphose.

La fausse teigne. — La fausse teigne est un papillon de la famille des nocturnes, il pond presque aussitôt qu'il est né, et meurt. Il y a la grande et la petite espèce. Les figures pages 172 et 173 donnent une idée exacte de ces individus, de leurs diverses transformations et de leurs dégâts.

Voici ce qu'en dit M. Hamet, dans son *Cours pratique d'Apiculture :*

« La fausse teigne ou *gallerie* est un ennemi très-dangereux des abeilles : c'est un ver ou chenille, qui ronge les rayons de cire où il s'établit, et qui provient d'un papillon de la famille des nocturnes. On distingue deux espèces de ces galleries : l'une, appelée par les savants *galleria cerella :* l'autre, *galleria alvearia*. La chenille de la première a 20 ou 25 millimètres de longueur sur 2 ou 3 de diamètre lorsqu'elle est développée ; elle est d'un blanc sale, avec des points verruqueux isolés ; sa tête est d'un brun-marron, ainsi que l'écusson qui la suit et l'extrémité postérieure ; son corps est cylindrique, annulaire, et présente seize pattes. La chenille du second papillon ne diffère de la précédente que par la grosseur et la longueur. — Ces chenilles ne sont pas plus tôt sorties de l'œuf qu'elles entrent dans les gâteaux vides de miel et de couvain, en mangent la substance et s'y construisent un tuyau de soie qu'elles fortifient avec des parcelles de cire et leurs excréments. Tant qu'elles sont petites et peu nombreuses, elles font peu de ravages : mais, lorsqu'elles grossissent et se multiplient, elles ont bientôt envahi les rayons de la ruche et forcé les abeilles à déguerpir. Parvenues à toute leur croissance, les chenilles des galleries se réunissent ordinairement au milieu de la ruche, où quittent les gâteaux et vont dans un des coins se bâtir chacune une coque soyeuse, dans laquelle elles se transforment en chrysalides, d'où sortent un mois après les insectes parfaits, c'est-à-dire des papillons qui se recherchent aussitôt, s'accouplent, pondent et meurent dans l'espace de très-peu de jours. Ces papillons pondent tout l'été à partir d'avril. On commence à voir la chenille de la fausse teigne vers le mois de mars. A cette époque on en rencontre le matin, à l'entrée des ruches, d'où les abeilles les ont extirpées pendant la nuit. Elles proviennent d'œufs qui ont été pondus avant l'hiver. Il faut aux chenilles de la fausse teigne une température assez élevée pour prendre leur accroissement. Pendant l'hiver, on en trouve de tout âge qui restent engourdies jusqu'à ce que la chaleur des parois intérieures de la ruche leur permette de manger et de grandir.

» Le papillon de la première espèce (A, *planche 3, page 172)*, est beaucoup plus fort que celui de la seconde (B, *pl. 4, page 173)*, et de plus le mâle diffère assez sensiblement de la femelle ; ses ailes, d'un gris pâle, tachetées de petits points noirs, sont plus longues ; sa tête et son corselet sont d'un gris plus clair. Le papillon de la deuxième espèce est petit, ses ailes se tiennent presque horizontalement dans le repos ; il est d'un gris roussâtre ; sa tête est fauve, ses yeux d'un rouge métallique très-brillant. Ce papillon est beaucoup plus agile que le premier, et bat souvent des ailes en courant ; on le rencontre plus souvent dans le Midi que dans le Nord, et plus dans les vallées et près des habitations que dans les plaines.

» On s'aperçoit de la présence de la fausse teigne dans une ruche à ses excréments, que l'on trouve sur le tablier mêlés à de nombreuses parcelles de cire ; ces excréments sont noirs et gros comme de la poudre à canon. La fausse teigne exhale aussi une odeur qu'on reconnaît facilement. »

La fausse teigne ne fait guère ses ravages qu'à la fin du printemps et pendant l'été, lorsque la chaleur s'est fortement développée. Malgré sa force de destruction, elle n'est réellement redoutable qu'aux ruchées dépeuplées ou mal organisées, et encore à celles dont les populations trop faibles ne peuvent protéger suffisamment des bâtisses trop considérables hors de proportion avec leurs forces, c'est-à-dire que l'apiculteur soigneux et attentif peut lutter avec avantage contre cet ennemi dangereux, et conjurer les désastres qui, dans nos campagnes, déciment annuellement les apiers.

Il s'agit de n'avoir que de fortes colonies ; tout est là : il faut de fortes populations au printemps, pour la récolte ; en été, pour se défendre contre leurs ennemis ; à l'entrée de l'hiver, pour bien hiverner. C'est toujours l'application intelligente du grand principe des fortes populations. *(Voir réunions.)*

Le Pillage. — Il est encore un fléau qui chaque année fait des vides considérables dans les apiers : c'est le pillage.

Le pillage a deux causes : l'une est la faiblesse, la désorganisation et le dépeuplement des ruchées ; l'autre, un accident quelconque produisant le coulage des rayons ou l'épanchement du miel.

Dans le premier cas, il n'y a pas de remède : il faut enlever la ruche et s'emparer de ce qu'elle contient, après en avoir chassé la population, pour l'utiliser. Dans le dernier, la ruche attaquée peut être sauvée, si l'on s'en aperçoit à temps. On se hâte de boucher toutes les issues, ne laissant qu'une entrée très-étroite. Si le danger grandit, on la met sous toile et on l'emporte hors de l'atteinte des pillardes ; le lendemain, on la remet à sa place, si l'agitation a complètement cessé ; il est prudent de la garder à vue ce jour-là, afin d'être prêt à la secourir, si l'attaque recommençait.

Ces accidents sont souvent causés par l'excès de la chaleur qui se fait sentir sur les ruches trop exposées au soleil, ou mal garanties contre la puissance de ses rayons, ou bien encore par la *taille;* toutes les fois que le miel coule, soit par l'affaissement des rayons, soit par une opération mal faite, le danger est imminent ; ces causes sont faciles à éviter : l'apiculteur ne peut s'en prendre qu'à son imprévoyance et à son peu de soins ; il est vrai qu'un accident fortuit, une ruche renversée violemment, peuvent faire naître ce danger, mais ce cas est bien rare.

Du transvasement. — Le transvasement est une opération qui consiste à chasser les abeilles d'une ruche pour les faire entrer dans une autre.

Voici ce que vous avez à faire : lancez un peu de fumée, soit avec un enfumoir, soit avec un chiffon, soit avec votre pipe, au bas de la ruche à opérer, afin de maîtriser les gardiennes ; ensuite, renversez-la sens dessus dessous, et coiffez-la de la ruche ou du cabochon qui doit recevoir la population ; cela fait, laissez les abeilles remonter à la surface des rayons, puis avec des bâtons ou avec la main, tapotez la ruche par le bas, lentement d'abord, pour les mettre en bruissement, plus fort ensuite ; lorsque le bruissement aura cessé, le transvasement sera fait : c'est l'affaire de 15 à 30 minutes, ça dépend du temps et de la saison.

Une fois en possession de votre trévas ou essaim, vous le laissez seul s'il est fort et si la saison n'est pas trop avancée ; s'il est faible, vous le réunissez à un autre trévas, et mieux à une ruche ou à un essaim affaibli, en prenant les précautions indiquées ci-devant, pour les réunions. (Page 145.)

On peut employer simultanément le tapotement et la fumée : le mouvement est plus accentué, et l'opération plus tôt faite.

Nous disons qu'il faut renverser la ruche à transvaser, c'est ce qui se fait ordinairement, et cela n'a pas d'inconvénient, au commencement du printemps ni à la fin de l'été, parce que les rayons sont suffisamment fermes et résistants ; mais lorsque la température est élevée, et lorsque le miel donne, les rayons chargés de miel, et ramollis par la chaleur, ne sont plus en état de supporter sans danger le moindre dérangement d'équilibre : ils peuvent s'affaisser et couler, ce qui cause toujours, le cas échéant, une perte considérable et entraîne parfois la ruine de la ruche. Dès l'instant que le renversement inspire des craintes, il vaut mieux recourir à un moyen qui donne pleine sécurité : c'est d'extraire l'essaim par le haut ; c'est très-facile et très-rapidement fait. La manipulation est bien simple : on enlève lestement le couvercle de la ruche lorsqu'il est plat, et à sa place on met le panier vide, puis on enfume fortement par-dessous la ruche à transvaser, et l'on tapote comme à l'ordinaire ; si le bruissement cesse ou se ralentit, on envoie de nouveau de la fumée. Ces deux moyens réunis font déguerpir lestement les abeilles. Si la ruche n'a pas de couvercle mobile, on se contente du trou que présente l'enlèvement de la queue ou du bouchon mobile que possèdent toutes les ruches composées ; seulement, l'opération est plus longue.

Lorsque le mouvement de migration se produit, il faut l'entretenir avec soin, jusqu'à ce que l'opération soit achevée; si l'on quittait le tapotement pendant quelques instants, le mouvement pourrait s'arrêter, et alors, il faudrait recommencer comme si on n'avait rien fait, et l'on rencontrerait plus de résistance.

L'on emploie pour les trévas et pour les essaims tardifs ayant peu de bâtisses et peu de mouches, un autre moyen : on renverse la ruche, et l'on arrose les bords des rayons avec un liquide sucré ; les abeilles remontent vite à la surface, pour s'en gorger ; l'on saisit ce moment pour retourner la ruche et lui imprimer une secousse vigoureuse qui fait tomber les abeilles sur le plancher. Comme toutes les abeilles ne tombent pas à la première secousse, on remet de nouveau les rayons en l'air, et lorsqu'ils sont garnis de mouches, on donne une seconde secousse ; l'on fait cela trois ou quatre fois, s'il le faut.

L'on a préalablement placé à l'endroit où tombent les abeilles, la ruchée qui doit les recevoir, après l'avoir mise en état de bruissement. Ce bruissement attire les pauvres chassées, et la réunion se fait sans tuerie et sans y mettre la main.

Les ruches à rayons mobiles présentent de grandes facilités pour faire ces réunions ; il suffit d'enlever les cadres qui contiennent les abeilles, et de les donner à la ruche à fortifier.

Le transvasement se fait aussi très-facilement par l'asphyxie momentanée, avec la fumée de la *vesse de loup* ou de chiffons nitrés. Nous ne sommes pas partisans de ce dernier moyen. Les abeilles en souffrent.

Maladies des abeilles. — Les abeilles sont exposées à diverses maladies, les plus connues sont : le vertige, la dyssenterie, la constipation, le dessèchement du couvain, la loque ou pourriture du couvain, la plus dangereuse de toutes.

Le vertige est une sorte d'ivresse produite probablement par le suc de certaines plantes vénéneuses; les abeilles atteintes tournent sans cesse sur elles-mêmes, jusqu'à épuisement. Il n'y a pas de remède connu.

Cette affection, qui se produit en été, ne peut être attribuée à la négligence ou aux soins mal entendus de l'apiculteur; nous n'en dirons pas autant de la dyssenterie, de la constipation et même de la loque, qui proviennent le plus souvent de la négligence ou des soins inintelligents qu'on leur a donnés.

La dyssenterie provient évidemment d'un air vicié, causé par l'humidité de la ruche, la moisissure des rayons, l'altération du pollen; or, ces affections morbides sont elles-mêmes engendrées par de vieux rayons surchargés de débris d'approvisionnements altérés, par l'étroitesse du vaisseau qui les contient, par un abri insuffisant, et par le défaut d'air; et comme si ces causes ne suffisaient pas, il y a des possesseurs de ruches qui s'efforcent de les augmenter en calfeutrant soigneusement aux approches de la mauvaise saison.

Quand on soulève la ruche qui en est atteinte, il s'en détache une odeur nauséabonde, l'aspect de l'intérieur est sale et repoussant : le tablier, les parois de la ruche sont salis par les excréments des abeilles. Ces pauvres malades, ordinairement si propres, si soigneuses, ont perdu le sentiment de la propreté, elles laissent tomber leurs déjections partout : sur les rayons qui en sont infectés, et jusque sur leurs compagnes.

Si l'on s'en aperçoit à temps, on peut sauver la colonie. On enlève les rayons moisis, salis, on nettoie ou plutot on renouvelle le tablier et on donne beaucoup d'air. Quelques brins de thym, de romarin, de sauge, mis sous la ruche, ne font pas de mal : ils contribuent à l'assainissement. Si l'on s'en aperçoit trop tard, la ruche est perdue, il est prudent de la supprimer.

La constipation est une maladie moins grave. Quelles en sont les causes? Les uns l'attribuent à un refroidissement subit de la température, car ce mal apparaît particulièrement après les premières sorties de la saison; les autres à une nourriture malsaine. Les gouttelettes d'eau amoncelées sur le tablier semblent indiquer une humidité provenant de l'altération d'un miel trop aqueux qui n'a pas été operculé; peut-être pourrait-on ajouter une troisième cause, la dépopulation, car ces ruches sont peu peuplées. Ces trois causes réunies peuvent agir simultanément.

Il est à remarquer que toutes les ruches malades de dyssenterie, de loque, etc., etc., sont dépeuplées; cette dépopulation qui se manifeste toujours, est-elle la cause ou l'effet de la maladie?

Il y a deux sortes de loque : la loque sèche ou dessèchement du couvain, présente les caractères suivants : la surface des alvéoles est déprimée, les nymphes mortes ont conservé leurs formes, elles sont sèches et inodores; il y a peu de mouches dans ces ruches. Une dépopulation subite amenant un abaissement de température considérable, peut produire cet effet. On parvient quelquefois à sauver ces ruches, en leur enlevant tous les rayons chargés de couvain mort, en diminuant leur capacité, afin de ramener une chaleur uniforme et constante, et en leur administrant pendant quelque temps une nourriture substantielle, mais souvent le jeu ne vaut pas la chandelle. Toutes ces ruches dépeuplées, attaquées de constipation, de dyssenterie, de loque sèche, sont généralement des ruches perdues ou sans valeur; il est évident, si l'on considère la fin désastreuse de toutes ces colonies que leur mère a été atteinte, et les œufs produits postérieurement à l'attaque s'en ressentent inévitablement : ils sont moins nombreux et plus faibles, le principe vital est altéré. Les réunir entre elles n'est pas un moyen bien efficace, la réussite est loin d'être certaine ; les réunir à des colonies bien saines, c'est une éventualité dangereuse qui n'a pas de compensation suffisante. Ces abeilles sont malades, et, comme tous les êtres souffrants, elles ont peu d'activité, peu d'empressement au travail, et par conséquent ne sauraient rendre de grands services à celles qui les ont reçues, car leur vie est courte et le moment de la récolte passe vite.

Il est à remarquer que les colonies atteintes ont presque toutes subi quelqu'accident : renversées par les vents, exposées à l'humidité, à des courants d'air formés par des fissures provenant souvent de hausses ou pièces de raccords mal jointes, mal soudées.

Ces réflexions s'appliquent également à la véritable loque, maladie épidémique qui se manifeste par la pourriture du couvain. Il se dégage de la ruche un gaz délétère qui révèle le mal à l'odorat, avant que les yeux aient pu le voir.

Peut-être pourrait-on extirper ce mal, si on le combattait vigoureusement aussitôt qu'il se produit, en supprimant tous les rayons atteints ou malsains, en donnant un aérage complet, en transvasant la population et en passant fortement au soufre le panier et les rayons atteints. Mais il est bien rare que l'on s'en aperçoive assez tôt, et cela même ne réussit pas toujours. Et pour peu que le mal soit avancé, il est prudent de recourir au remède suprême, l'anéantissement de la ruche attaquée, dont les débris doivent être enfouis avec soin ; il ne faut pas qu'il en reste la moindre trace. On a bien disserté sur les causes de cette terrible affection qui, si l'on n'y prend garde, peut détruire en peu de temps le rucher le plus nombreux et le plus prospère ; et que n'a-t-on pas dit sur les moyens curatifs, dont pas un n'est efficace.

Nous sommes fortement convaincu qu'il vaut mieux prévenir le mal que de chercher à le guérir. C'est beaucoup plus simple et surtout beaucoup plus sûr. Et sans entrer dans des considérations scientifiques qui jusqu'à présent n'ont pu donner de solution, nous nous permettrons de faire remarquer *(honni soit qui mal y pense)* que cette maladie désastreuse ne sévit guère que dans les ruches composées, où, par une cause ou par une autre, des courants d'air pernicieux peuvent s'établir, soit par des pièces mal raccordées, soit par des refroidissements causés dans des manipulations trop fréquentes. Elle se manifeste aussi dans des ruches trop petites, manquant d'air, et dans celles encore dont les parois trop minces, dont les couvertures ou les abris insuffisants ne peuvent les défendre efficacement contre les revirements brusques de la température.

Il faut que les abeilles, dans leurs demeures, soient complètement garanties contre les influences extérieures ; il faut qu'elles aient de l'espace et de l'air ; il faut que les rayons soient sains, débarrassés de ces débris de pollen avariés qui se trouvent dans des cires trop vieilles ; il faut, en un mot, qu'elles soient constamment tenues dans des conditions hygiéniques parfaites. Jamais, dans nos pays où la grande ruche à petit bois est en usage, jamais nous n'avons vu et jamais on ne nous a signalé un cas de loque contagieuse ! Et pourquoi? Ne serait-ce pas parce que ces ruches spacieuses (50 litres en moyenne) contiennent une grande quantité d'air, qui se renouvelle sans cesse à travers les ais mal joints sur lesquels elles reposent? Ne serait-ce pas aussi parce que les grandes bâtisses dont elles sont remplies, maintiennent une chaleur plus constante et les protègent ainsi contre les variations funestes d'une température capricieuse ?

Ce n'est pas à dire que cette affection n'ait d'autres causes : la maladie de la mère, un approvisionnement malsain, etc., etc., etc. C'est possible, mais il n'en est pas moins certain, à nos yeux du moins, que les conditions hygiéniques dont nous venons de parler, sont nécessaires à l'abeille et exercent sur sa santé une influence salutaire.

Une dernière réflexion : c'est que l'on peut remarquer qu'il n'y a guère que les ruches faibles qui ont souffert, qui sont mal approvisionnées, mal peuplées, dont l'habitation à l'intérieur ou à l'extérieur laisse à désirer, et dont les rayons sont malsains, qui soient atteintes de ces fléaux. Les ruches fortement organisées, bien peuplées, bien approvisionnées, résistent et sont épargnées. On est trop disposé à conserver des ruches faibles, on ne se résout pas à les récolter, parce qu'elles n'ont à donner qu'une récolte en miel insignifiante ou nulle ; on hésite, puis l'on cherche à se faire illusion sur leur avenir : un intérêt mal entendu finit par l'emporter sur la voix de la raison, qui rappelle en vain les bons principes.

Des bâtisses. — En apiculture, on entend par bâtisses, une ruche, hausse ou cadre, garni de rayons de cire vides de miel.

La construction de ces rayons de cire coûte aux abeilles *peu* de miel et *beaucoup* de temps. C'est notre conviction. L'art de l'apiculteur consiste donc à économiser le temps, c'est-à-dire à faire produire de la cire lorsqu'il n'y a pas de miel à emmagasiner.

Mais pourquoi se préoccuper de ce soin? Est-ce que chaque colonie ne sait pas édifier ses rayons au fur et à mesure de ses besoins?... Sans doute, c'est ainsi que les choses se passent à l'état de nature ; mais cela ne suffit pas ? Il faut savoir prévenir ses besoins, il faut procurer aux colonies qui n'ont pu se les donner, les rayons qui leur manquent, et les mettre toutes en position de s'en procurer de nouveaux.

Cela importe beaucoup ; c'est un point capital. La miellée est capricieuse, elle a ses jours et ses heures :

les abeilles les sentent, les connaissent et savent les utiliser. Si elles ont des magasins tout prêts, la récolte se fait avec rapidité, les rayons s'emplissent à vue d'œil; s'il n'y a pas de magasins, il faut en construire à la hâte, et le temps employé à ce travail est un temps perdu sans retour pour la récolte. Il est perdu, lors même que la miellée continue à donner. Le produit obtenu est toujours beaucoup plus faible que celui des colonies qui ont été pourvues.

Les bâtisses sont tellement importantes à la culture de l'abeille, que tous les praticiens les recherchent avec soin et s'en procurent à tout prix; elles sont aussi nécessaires à l'abeille pour emmagasiner son miel, que la charrette au laboureur pour rentrer au logis le blé de ses champs; aussi, pénétrés de cette vérité, les mobilistes s'évertuent à conserver leurs rayons indéfiniment, ils vont même jusqu'à fabriquer des rayons artificiels, plus ou moins bien ébauchés. Les fixistes greffent aussi des rayons dans la partie haute de leurs ruches ou vont acheter au loin, à grands frais, des bâtisses naturelles qui leur manquent.

En agissant ainsi, les uns et les autres obéissent à un enseignement pratique impérieux. On ne saurait trop les en féliciter; toutefois, ces félicitations ne peuvent pas se faire sans réserve : pourquoi s'ingénier à conserver de vieux rayons, ou pourquoi aller frapper à la porte du voisin, pour en avoir de convenables?... Et pourquoi passer son temps à en construire artificiellement de fort défectueux?... C'est parce que l'on ne sait pas s'en procurer par la culture; c'est parce que les procédés employés sont insuffisants et ne s'y prêtent pas.

Il est à regretter assurément que l'on en soit encore là, mais cette impuissance pratique ne nous paraît pas irrémédiable, et sans chercher bien loin, il serait peut-être possible de trouver une solution satisfaisante de ce problème dans l'agrandissement et le rétrécissement successifs des ruches, en un mot dans la manière de cultiver les abeilles.

Nous avons dit que les ruches à l'hivernage devaient avoir une capacité de 35 à 40 litres environ. Au retour du printemps et pendant la récolte, cette capacité doit s'agrandir selon les besoins locaux, qui le plus généralement exigent une grandeur de 50 à 60 litres. Cet agrandissement se fait par le bas, en ajoutant des hausses grillagées. Il suffit que le nid à couvain soit libre de tout grillage, les hausses de supplément doivent en avoir.

Quand on enlèvela hausse supplémentaire du bas, qui se trouve plus ou moins garnie de rayons, on a une bâtisse de toute beauté que les abeilles ont fait le plus souvent pendant leurs moments de loisir.

En pratiquant la récolte totale, beaucoup de ruches donnent des hausses inférieures contenant des rayons vides de miel ; au lieu de les jeter à la fonte, on les conserve soigneusement pour la campagne prochaine, quand elles ne servent pas de suite à la fabrication des essaims secondaires, des trévas ou au calottage.

Il est vrai que si l'on agrandit par le bas, pour obtenir des bâtisses, le calottage ne réussira guère ; l'on doit pousser à l'une ou l'autre production, selon les débouchés que l'on a. En faisant cette remarque, nous devons ajouter que dans un rucher bien conduit, en pratiquant l'essaimage anticipé, il y a toujours du miel fin en quantité, parce que le miel n'a pas vieilli, parce que les cires sont toujours jeunes, parce que la récolte principale se fait toujours en l'absence de mère pondeuse, et souvent avant l'épanouissement des fleurs à miel inférieur : c'est encore là un des nombreux avantages de la précocité que nous recommandons. Les précautions à prendre pour avoir des calottes de choix, sont donc des mesures exceptionnelles, que l'on prend au besoin ; mais il est peu de localités où le commerce de miel en rayons soit assez important pour absorber la moitié de la récolte, et dans cette situation, certainement fort rare, on pourrait encore faire des bâtisses en quantité avec l'autre moitié des ruches.

Les hausses supplémentaires doivent se placer aussitôt que les abeilles sont assez nombreuses pour occuper le bas des rayons ; qu'il y ait miellée ou non, la descente des abeilles sur le plateau annonce le développement du couvain à l'intérieur, et au dehors l'approche de la miellée. Comme à ce moment il y a peu ou point de miellée, il est inutile de donner des rayons. Les hausses supplémentaires doivent donc être vides. Or, au commencement de la saison printanière, les bâtisses hivernales, si elles sont complètes, suffisent largement aux premiers besoins de la cueillette, pendant les jours de chômage, toujours fréquents. A cette époque, les abeilles ont des loisirs suffisants pour remplir de rayons la hausse supplémentaire, sans perdre pour cela une minute du temps qui doit être consacré à la récolte.

Mettre les abeilles en situation de construire des rayons, quand la miellée ne donne pas, c'est résoudre, ce nous semble, le grand problème de la production économique des bâtisses, car en cela la dépense du miel n'est rien, comme nous l'avons dit : c'est le temps qui est tout.

Que ceux qui pensent que la construction d'un rayon de cire coûte en miel dix, quinze ou vingt fois son poids, veuillent bien prendre en considération ce que nous venons de dire. Nous serions heureux, si ces simples réflexions pouvaient les déterminer à faire des essais comparatifs ; qu'ils mettent en présence, au printemps, deux ruches de force égale : l'une ayant une capacité de 50 à 60 litres, garnie de bâtisses ; l'autre, une grandeur de 35 à 45 litres, pleine de bâtisses et agrandie au fur et à mesure de ses besoins, et puis ramenée, par les agrandissements successifs, à une capacité égale à l'autre ; le résultat les édifiera complètement.

Le point capital est de s'arranger de façon à ce que les magasins ne manquent pas au *moment* de la *grande récolte,* comme au moment de la *grande ponte*. En dehors de ces deux exigences absolues, les bâtisses n'ont plus qu'une importance secondaire. Si par exemple on donne une bâtisse à un essaim primaire, venu 10 ou 15 jours avant la récolte, pendant qu'il n'y a encore qu'à glaner, il n'acquerra pas un avantage bien appréciable sur son voisin du même jour, qui en sera privé. Or, durant ces jours de glanage, ce dernier aura eu le temps de se construire des rayons pour recevoir le miel ; il aura acquis lui-même, par son travail, les ressources données à l'autre, et sera comme lui en mesure de récolter, lorsque le moment sera venu. Il est vrai que cet autre aura donné logement aux œufs de la mère; mais est-ce bien là un avantage très-sérieux? La mère fatiguée et quelquefois épuisée par la ponte prodigieuse qu'elle vient de faire, n'est plus guère en état de fournir un nombreux couvain d'ouvrières, et si elle est vieille, elle s'adonne vite à l'élevage des mâles ; l'essaim, alors, produit un réparon, qui le perd quelquefois et le gêne toujours ; ce sont là des faits désastreux qu'il faut empêcher. Dans cette vue, ne conviendrait-il pas de se garder de leur donner des bâtisses complètes, mieux vaudrait quelques portions de rayons, ou rien du tout.

Mais si la miellée abonde, c'est une toute autre affaire : il faut des bâtisses, il en faut absolument. Plus elles sont complètes, plus elles sont avantageuses ; le moindre rayon ne doit pas être dédaigné, il a sa valeur ; car c'est dans ce cas que le rayon de cire coûte *cher !...*

Tout ce que nous venons de dire s'applique essentiellement à la ruche à hausses et à toutes les ruches qui s'agrandissent par le bas, qu'elles soient à rayons fixes ou à rayons mobiles ; mais les ruches horizontales qui s'agrandissent par le bout ou par les côtés, présentent-elles les mêmes avantages, ou sont-elles dans l'impuissance de produire la cire ?..

Nous savons tous que l'emmagasinement du miel se concentre dans le haut, puis s'étend sur le derrière et les côtés, avant d'arriver au bas des rayons. Il est évident que le miel qui occupe le haut du rayon ne permet pas d'en utiliser la partie vide comme *bâtisse sèche;* cependant, on peut obtenir de ces ruches des rayons nouveaux en quantité suffisante pour satisfaire aux besoins de la culture, et pour s'éviter la gêne coûteuse de faire des rayons artificiels de pièces et de morceaux disparates, péniblement et toujours imparfaitement raccordés. Il suffit pour cela d'agrandir, au *moment dit,* avec des cadres vides au lieu d'agrandir avec des cadres garnis : voilà tout le mystère. Ces cadres, lorsqu'ils sont pleins de miel, sont retirés au moment de la récolte totale ou à volonté. En procédant ainsi, les vieilles cires sont supprimées, les rayons artificiels sont superflus, et la récolte de la cire se produit naturellement, avec avantage pour l'abeille et pour l'apiculteur.

Ces résultats dépendent donc du mode de culture suivi. L'essaimage anticipé, par exemple, en augmentant le nombre des colonies, permet à l'apiculteur de récolter *complètement* autant de ruches que l'équilibre du rucher le comporte.

En faisant la récolte aux époques relatives que nous avons indiquées, la miellée, dans le plus grand nombre de cas, s'est singulièrement amoindrie : elle donne peu, et cependant quoique trop faible pour être emmagasinée, elle suffit encore aux trévas pour faire de petites bâtisses ; c'est tout ce que l'on peut raisonablement en attendre, et comme on ne peut pas espérer qu'ils puissent faire leur *panier,* même avec le secours des bâtisses, on ne doit pas leur en donner : on les met en ruches vides, afin de les faire travailler en cire. Les rayons se construisent insensiblement, sans efforts, en raison des ressources du moment, et de même qu'au commencement du printemps, la miellée étant faible, la sécrétion de la cire semble se produire, comme la satisfaction d'un besoin impérieux de l'organisme de l'insecte. Voilà pour les ruches à rayons fixes.

Quant aux ruches à rayons mobiles : que l'on ait récolté entièrement un certain nombre de ruches, ou qu'elles aient été réduites par la récolte partielle et les réunions à un nombre déterminé, le résultat est le même, si l'on a pratiqué la multiplication des colonies par l'essaimage. C'est qu'en effet il a fallu nécessairement des cadres pour ces colonies nouvelles, et comme les premiers essaims *venus* avant *miellée,* elles n'ont pas été pourvues de bâtisses, et comme eux, elles en ont fait : leur travail est acquis au rendement, et fait provision pour l'avenir.

En disant qu'une bonne pratique doit toujours fournir des bâtisses suffisantes, nous n'entendons pas pour cela proscrire les bâtisses artificielles ; l'apiculteur qui n'a pas le coup de main suffisamment sûr, ne peut se dispenser d'y avoir recours ; le praticien même le plus expérimenté trouve parfois, dans certaines années, des impossibilités insurmontables ; il faut bien alors recourir à ce que l'on a dédaigné ; ce que nous voulons préciser ici, c'est que les bâtisses artificielles ne sont qu'un expédient dont il faut chercher à s'affranchir.

La confection des bâtisses artificielles se fait assez facilement : la cire, la colle forte, la colophane mêlée avec de la résine, le plâtre, sont les ingrédiens les plus généralement employés. Le plâtre se délaie, comme chacun sait, la colle forte et la colophane sont fondues sur un feu doux ; le rayon à attacher est trempé dans ce liquide et posé lestement et avec soin sur le rayon régulateur.

Si le rayon collé est grand, il est bon de le consolider en le soutenant à sa base par une petite barrette, car le poids du miel et des abeilles joint au ramollissement causé par une chaleur excessive, peuvent le faire couler.

L'apiculteur doit apporter le plus grand soin à la conservation de ses bâtisses, que les rongeurs et la fausse teigne détériorent et détruisent, si on ne les met pas à l'abri de leurs attaques.

Les rayons de cire se conservent bien sous les ruches; on doit y laisser jusqu'à l'hivernage ceux à détacher. Quant aux rayons récoltés, il faut les passer au soufre à plusieurs reprises, et les placer dans des caves sèches ou dans des celliers froids, si l'on en possède, ou bien les suspendre dans les greniers ou sous les hangars, et les exposer partout où l'air froid et des courants d'air peuvent exercer leur action. La teigne n'aime pas les lieux froids et aérés ; elle fuit la lumière, aussi nous gardons-nous bien de les envelopper. On doit avoir le soin de ne pas entasser les cires les unes sur les autres, car elles s'échauffent et deviennent vite la proie des vers. Ces précautions sont nécessaires pendant toute la saison chaude. En hiver, les rongeurs dévorent les cires qu'ils peuvent atteindre ; il est essentiel de les mettre hors de leur portée.

Il n'est peut-être pas inutile de faire remarquer que l'essaimage anticipé, utilisant les bâtisses plutôt que les anciens procédés de culture, contribue beaucoup à les sauver de la destruction, car la teigne n'exerce guère ses ravages que pendant les grandes chaleurs.

Emploi de la fumée. — Quoique les abeilles ne soient pas agressives, il est sage d'éviter tout ce qui peut exciter leur défiance et surexciter le sentiment de la conservation qu'elles possèdent à un haut degré ; il est prudent de les approcher doucement, d'éviter les gestes brusques et les éclats de voix bruyants qui les effraient ou les agacent. Dans toutes les opérations que nécessite cette culture, il est bon, avant de toucher aux ruches de prendre des précautions nécessaires pour prévenir leur irritation ou pour l'apaiser. Quelques bouffées de fumée projetées à propos sur les abeilles suffisent pour refouler les gardiennes et procurer le calme dont on a besoin ; c'est le moyen le plus prompt et le plus efficace. Toutefois, il faut en user intelligemment, sobrement; il faut bien peu de fumée pour maîtriser les abeilles, quand on sait l'employer convenablement. Quelques petits jets de fumée se succédant à propos, portant bien sur les groupes, suffisent pour les mettre en état de bruissement, tandis qu'elles résistent parfois à des nuages de fumée qui les atteignent imparfaitement, ou qui, les surprenant brusquement, leur coupent la retraite ou ne leur donnent pas le temps d'aviser, de se reconnaître ; elles tombent alors sur l'opérateur maladroit.

Il n'est guère nécessaire de les mettre en bruissement que dans les grandes opérations, telles que les réunions ; dans les cas ordinaires, tels que le nourrissement, les simples visites d'inspection, etc., il suffit le plus souvent d'un petit jet.

Les praticiens exercés font presque toutes ces petites opérations sans fumée ; on se contente d'un cigare ou d'une pipe ; mais il faut une grande habitude, un certain tact ; il faut, en mettant la main sur la ruche, sentir s'il y aura résistance ou non. L'expérience et le savoir-faire peuvent seuls guider en cela, et ceux qui commencent ou qui n'ont pas encore de pratique, doivent bien se garder de négliger la fumée. Ainsi donc, soit que l'on veuille donner ou ôter une hausse, mettre ou ôter un cadre, soit que l'on veuille transvaser, permuter ou réunir, toujours la fumée doit précéder l'attouchement.

S'il s'agit de réunir, on enfume jusqu'au bruissement ; si l'on veut transvaser ou agrandir par le bas, il suffit de refouler un peu les gardiennes ; si c'est une calotte à mettre ou à ôter par le haut, on jette un peu de fumée autour de la ruche et non au-dessous, afin de prévenir l'irritation ; si l'on met à nu en enlevant le couvercle, pour placer la hausse, on envoie un peu de fumée pour faire rentrer les abeilles. Ces dernières opérations se font le plus souvent sans fumigateur.

On se sert pour enfumer les abeilles de chiffons roulés en forme d'andouilles, maintenus de cinq en cinq centimètres par de petits liens qui empêchent le feu de dévorer le chiffon.

Il y a aussi des appareils spéciaux, que l'on appelle enfumoirs ; les plus usités se composent d'un tube de

10 centimètres de diamètre environ, sur 15 de long, ayant à sa base une douille dans laquelle on emmanche un soufflet, et se terminant en cône à sa partie supérieure.

Transport des ruches. — Le transport des ruches exige souvent de grandes précautions.

En automne, en hiver et même au commencement du printemps, on peut les mettre sous toile, indifféremment le matin ou le soir, et même pendant la journée, lorsque le froid les retient au logis ; la fermeté des cires en rend le transport facile.

Il en est tout autrement en été, surtout pendant la récolte du miel : les rayons, ramollis par la chaleur, n'ont aucune résistance, ils s'affaissent au moindre choc. Pour transporter les ruches dont on fait la récolte entièrement, il faut en enlever la population ; le bris des rayons est alors moins à craindre, et peut être évité en ayant soin de les placer en voiture, dans le sens vertical.

Les essaims que l'on veut éloigner du rucher, doivent être enlevés pendant la nuit ; s'ils sont à bâtis, on les tient verticalement ; s'ils sont à nu, ou les couche sur le flanc.

Pendant la saison chaude, si les rayons sont chargés et fragiles, l'entoilage se fait en plaçant verticalement la ruche sur la toile qui doit l'envelopper. On en relève les bords que l'on maintient collés à la ruche par une ficelle adhérente à la toile, ou par une ficelle libre que l'on serre au moyen d'un nœud coulant.

En saison froide, on présente la toile d'une main sur l'entrée de la ruche, l'autre étant appuyée au sommet, et lestement on la renverse sens dessus dessous. Par ce mouvement, la toile retombe naturellement sur l'orifice de la ruche, et se trouve placée très-commodément pour y être fixée par une ficelle.

Dans le premier cas, la fumée est nécessaire pour refouler les abeilles qui garnissent le tablier.

Dans le second cas, les abeilles étant aux rayons, la fumée est inutile, à moins que l'on ait à faire à une ruchée très-forte ou trop petite.

Le détoilage demande aussi quelques précautions : à mesure que l'on descend les ruches de la voiture, elles doivent être posées à terre, soulevées d'un côté par une cale quelconque, motte ou pierre, puis après les avoir laissé reposer un instant plus ou moins long, suivant l'intensité du bruissement intérieur, qu'il est bon de laisser calmer un peu, et après avoir jeté au besoin un peu de fumée au-dessous des toiles, on commence par enlever celles des plus faibles colonies, afin qu'elles aient le temps de rentrer en ruche avant que les fortes colonies voient le jour ; car l'agitation de ces dernières peut attirer à elles la population des faibles et les dépeupler, ce qu'il faut éviter.

Si l'on a des ruches de grandeur convenable, les hausses de transport, inventées sans doute par les possesseurs de petites ruches, sont tout à fait inutiles.

Orientation des apiers. — L'orientation des ruchers n'est pas chose indifférente ; l'exposition du midi, celle qui est généralement recherchée par les apiculteurs, est une des plus mauvaises, à cause du développement excessif de la chaleur qu'elle occasionne; elle serait bonne, si un feuillage suffisant empêchait les rayons solaires de frapper sur les ruches pendant les jours de haute température.

Quoique les abeilles semblent s'accommoder de toutes les positions, il n'en faut pas moins chercher à leur procurer celles qui favorisent le plus leurs travaux; les vents froids du nord, les vents humides et violents de l'ouest et du nord-ouest ne leur conviennent pas; les meilleures expositions sont celles de l'*est* et du *sud-est*.

Placement des ruches. — Après l'orientation du rucher, vient le placement des ruches; on doit, dans ce travail, apporter le plus grand soin à éviter tout encombrement; le trou de vol ne doit pas être masqué; il faut que le jet des abeilles soit libre, que les colonies soient disposées de façon à être facilement reconnues par les butineuses; il faut encore qu'elles soient distancées le plus possible les unes des autres, surtout lorsqu'elles reposent plusieurs sur des madriers de longueur. Plus elles sont éloignées les unes des autres, mieux elles s'en trouvent : nous aimons, dans un vaste enclos, à les voir éparpillées çà et là. Si l'on est gêné par le peu d'étendue du terrain, et si l'on a des ruchers couverts, on se réduit alors à la plus petite distance possible, qui ne saurait être moindre de 40 centimètres entre chaque ruche.

En suivant ces recommandations, on évite souvent les réunions intempestives d'essaims, le dépeuplement de certaines ruches, et les conséquences fâcheuses qui en résultent.

Acceptation des mères. — Il existe diverses races de mouches à miel; la plus répandue est l'abeille noire commune. La Dalmatie, la Carniole et l'Italie possèdent des variétés auxquelles on se plaît à attribuer des qualités supérieures; la dernière surtout est très-recherchée. Cette abeille, qui se trouve en Italie et dans les parties méridionales de la Suisse, diffère de la nôtre, à l'extérieur, par une forme plus svelte, plus gracieuse, une couleur plus claire, et par la couleur jaune des deux premiers anneaux de l'abdomen; on la dit plus active, plus féconde, plus forte. Depuis 10 à 15 ans, on s'est efforcé de l'acclimater en France et dans les autres contrées de l'Europe; ces tentatives se sont étendues, et le besoin de trouver les moyens de les faire accepter s'est fait sentir en même temps que la nécessité de les multiplier.

L'art de faire accepter une mère étrangère est la conséquence forcée de l'élevage artificiel.

Faire accepter une mère n'est pas toujours chose facile; les difficultés que présente cette opération sont en raison de la situation particulière des ruches. Les précautions à prendre varient suivant que la colonie a été rendue orpheline ou a perdu sa mère naturellement ou a subi une perturbation intérieure.

Des apiculteurs enseignent que l'acceptation s'accomplit ordinairement dans les 48 heures qui suivent l'enlèvement de la mère des colonies bien organisées.

Il en est de même, à plus forte raison, lorsque la colonie établie n'a pas de couvain. Dans l'un et l'autre

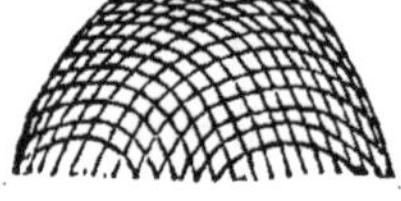

Figure 1.

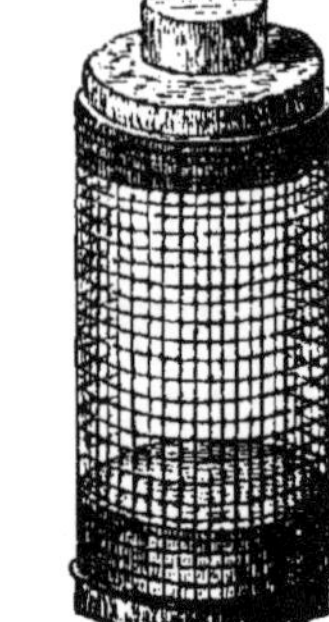

Figure 2.

cas, on met la mère étrangère dans une petite cage en toile métallique, ouverte d'un côté, ayant la forme et la grandeur d'une coque d'œuf coupée en deux (comme l'indique la *figure 1*); on la pose sur un rayon, en y enfonçant la partie ouverte pour la maintenir. Le surlendemain, les abeilles ont donné la liberté à la mère, en enlevant les cellules qui la retenaient prisonnière.

Si l'on agit sur un essaim en ruche vide, on enferme la mère, avec quelques alvéoles remplis de miel dans un étui semblable à celui que représente la *figure 2*, et on le suspend au haut de la ruche qui contient l'essaim; on l'entoile pour qu'il ne s'en aille pas, et 48 heures après on détoile et on met la colonie en place; on peut profiter de cet instant pour délivrer la mère étrangère.

Quoique ces moyens soient préconisés, nous pensons qu'il est prudent de surveiller le moment de la délivrance, car il peut se produire des résistances inaccoutumées, et il ne s'en produit que trop souvent. Nous l'avons éprouvé nous-même; nous avons dû remettre sous grille et surveiller attentivement.

Règle générale : la colonie qui possède du couvain, accueille mal l'étrangère qu'on lui présente; il faut de grandes précautions pour la faire accepter; on la met avec quelques abeilles dans l'étui dont nous venons de parler, et on l'introduit dans le haut de la ruche entre deux rayons de miel, qui lui assurent tout à la fois protection et nourriture suffisante pendant toute la durée de sa réclusion, qui est ordinairement d'une huitaine de jours, temps nécessaire à la transformation des larves, mais qui peut accidentellement se prolonger, suivant M. Hamet, jusqu'au onzième jour, délai extrême en dehors duquel il n'y a pas de sécurité complète ; il en est ainsi, parce que les abeilles préfèrent de beaucoup transformer leurs larves, et ce n'est qu'après leur épuisement ou après leur destruction soigneusement opérée par l'apiculteur, que l'étrangère peut être mise en liberté.

Les difficultés que présente l'acceptation des mères ne disent-elles pas assez qu'il convient d'user sobrement de ce moyen, et que par conséquent il ne doit s'appliquer qu'à la transformation ou au croisement des races ; d'où il suit que le rajeunissement des mères indigènes doit se faire naturellement, c'est-à-dire par les abeilles elles-mêmes.

Achat des ruches. — Acheter des ruches pour en extraire tout le miel, ou en acheter pour en former des apiers, sont deux choses bien différentes : la première est une opération industrielle qui ne demande pas grand apprentissage, car souvent l'achat se fait au kilo ; la seconde, au contraire, exige des connaissances spéciales, et, quand on ne les possède pas, il vaut mieux s'adresser à un vendeur honnête, et s'en rapporter à lui.

On doit bien se garder d'acquérir des ruches faibles : on ne fait rien avec cela ; il ne s'agit pas cependant de rechercher les ruches les plus lourdes; le grand poids, sans doute, est une bonne recommandation, mais à laquelle il est prudent de ne pas se fier absolument, car ce qui fait l'affaire du commerçant, ne fait pas toujours celle de l'apiculteur. Ce dernier, avant tout, a besoin de colonies bien organisées. Une bonne organisation se révèle par certains signes faciles à saisir : un petit coup sec frappé au bas et en dehors de la ruche, provoque une réponse significative; si le bruissement est sourd et se prolonge, la ruchée est dans de bonnes conditions ; s'il est creux et court, elle ne vaut rien à l'intérieur.

Il importe essentiellement que les cires soient saines et que les populations soient fortement groupées dans les rayons ; un bon groupement annonce que la colonie a une mère et du couvain, ce qui est un indice de vitalité fort important.

Reste à s'assurer de l'approvisionnement.

Les provisions sont suffisantes si, au commencement de l'automne, le poids de la ruche s'élève à 20 k., et si au printemps elle en pèse 15, en supposant que la ruche vide soit de 5 à 6 k. au plus.

Les prix varient nécessairement suivant les localités et les années ; dans nos contrées à miel blanc et à grandes ruches, l'on ne peut guère se procurer une bonne ruche à moins de 20 francs. Dans nos pays de miel rouge, les prix ne dépassent guère 14 à 15 francs.

Les essaims pourraient être acquis à meilleur marché, mais leur réussite est généralement trop incertaine, et quoique les bons essaims venus avant ou au commencement de la récolte réussissent presque toujours, ils ne présentent pas encore assez de sécurité ; un orage, un abaissement de température au moment où le miel donne, suffisent pour compromettre leur avenir : il faut, d'ailleurs, savoir apprécier leurs forces, et un novice ne saurait le faire.

Ceux qui veulent fonder un rucher, doivent rechercher des ruches *faites,* bien établies en bâtisses, bien approvisionnées, bien organisées.

En résumé, on peut dire à un amateur qui est obligé d'agir seul : achetez des ruches *lourdes* et bien *mouchées,* ce sont là deux bonnes notes qui trompent rarement.

Dans plusieurs de nos contrées champenoises, on ne peut guère s'en procurer facilement qu'au moment de la vente des ruches pour la récolte, qui se fait après la moisson des céréales et la chute du couvain ; cette époque passée, pendant et après l'hiver, il est très-difficile de trouver à en acheter : l'habitude n'y est pas. Il est d'autres pays où ces achats se font au printemps, avec facilité. Lorsque l'on peut choisir son temps, il vaut mieux acheter au printemps, dût-on payer un peu plus cher. A cette époque, les éventualités de l'hivernage sont passées, et les garanties sont assurément plus grandes.

Raviver les Abeilles engourdies. — Par les froids de l'hiver, aux approches du printemps, il peut arriver à des colonies faibles, et même à de bonnes colonies, d'être engourdies par le froid ; les ruches mal approvisionnées ou possédant du miel granulé, celles dont la construction vicieuse ne permet pas aux abeilles de se grouper, et de se porter en masse d'un rayon à l'autre, peuvent éprouver ces désastres ; les ruches divisées par des planchers massifs percés de petits trous, ou par des claires-voies trop serrées, sont dans ce cas.

Il arrive donc parfois que des populations entières tombent sur le tablier ou se tiennent en partie accrochées par les pattes aux rayons.

Si cet état de mort apparente n'a pas une trop longue durée, il est facile de rappeler à la vie ces populations en danger de mort : il faut se hâter de venir à leur secours et ne pas remettre ce soin au lendemain. Après s'être assuré que le principe de vie n'est pas éteint, ce qui est facile à constater, en mettant dans le creux de la main quelques-unes de celles qui sont attachées aux rayons, on les approche de la bouche, et on leur envoie quelques bouffées de chaude haleine ; à ce contact, la vie renaît, si elle n'est pas complètement éteinte ; à la moindre manifestation, on se hâte de remettre dans la ruche toutes celles qui sont tombées sur le plateau ; on arrose les rayons avec quelques cuillerées de miel liquide, puis on met sous toile et on porte les patientes près d'un bon feu. Bientôt les signes d'existence se révèlent, et un bourdonnement sonore annonce le retour définitif à la vie. On enlève celles qui n'ont pu *ressusciter,* et on nourrit, soit par le haut, soit par le bas. *(Voir nourrissement).* On porte la ruche à la cave ou en lieu chaud ; le lendemain on la met en place. Cette colonie, sauvée intelligemment, n'est pas une non-valeur , elle peut fort bien prospérer, si on a soin d'elle.

Cette éventualité de voir mourir de faim une colonie populeuse au milieu de provisions abondantes, parce que le miel qui les compose est granulé, enseigne suffisamment combien il est important de veiller à ce que l'approvisionnement soit supérieur à la consommation probable.

De la transformation du miel en cire. — La cire est le produit de la matière sucrée ; elle se sécrète par les anneaux abdominaux de l'abeille, en petites lamelles extrêmement minces, que l'insecte manipule avec facilité, et utilise avec économie. Longtemps, dans nos campagnes, on a pensé que le pollen que les abeilles apportent à leurs ruches, sous forme de petites lentilles suspendues à leurs pattes, était de la cire ; on le croit encore assez communément.

La science a démontré et la pratique a constaté que la cire est du miel transformé.

Nous avons fait nous-même, à cet égard, des expériences concluantes : des colonies mises en ruches nues, sans communication extérieure, ont construit leurs rayons, les ont attachés, consolidés, propolisés avec le miel seul.

Inutile d'insister, tout le monde est d'accord sur ce point ; mais il en est un autre sur lequel on ne s'entend pas du tout.

Les uns prétendent qu'un rayon de cire coûte aux abeilles, 10, 15, 20, 40 fois son poids de miel. Des expériences scientifiques semblent appuyer cette opinion ; mais des expériences de cette nature peuvent-elles avoir une grande valeur ?

L'insecte arraché du milieu où il vit, est-il en état de satisfaire la curiosité de l'observateur et de lui donner une réponse présentant un degré de certitude suffisant ?

D'autres, s'autorisant des résultats généraux qui se produisent chaque année dans les ruchers, affirment que les rayons de cire ne coûtent guère à l'abeille que la peine de les faire, lorsqu'elle est mise en position de les produire en temps opportun.

En effet, il est à remarquer, comme nous l'avons déjà dit, que pendant les jours improductifs qui précèdent et qui suivent la grande miellée, les colonies bien peuplées allongent leurs rayons ou en construisent de nouveaux, selon leurs besoins ; le même effet se produit dans les années humides, qui sont souvent fertiles en essaims et pauvres en miel : ces essaims édifient beaucoup de rayons, tandis que les vieilles ruches ne donnent ni miel ni cire.

Cela, sans doute, a lieu d'étonner, puisque la cire se fait avec le miel ; si les ruches établies ne récoltent pas de miel et ne produisent pas de cire, comment les essaims peuvent-ils en produire.

C'est encore un de ces nombreux phénomènes qui se produisent sans cesse sous nos yeux, sans que nous puissions nous les expliquer parfaitement ; cependant, ne pourrait-on pas hasarder l'explication que voici :

Tous les êtres, même les plus inférieurs, poussés par l'instinct de la conservation, savent se procurer ce qui est indispensable à leur existence ; or, le premier et le plus pressant des besoins pour l'essaim, c'est de se procurer des rayons. Il lui faut des berceaux pour élever ses larves et assurer la reproduction de son espèce ; il lui faut des magasins pour recevoir et conserver ses provisions d'hiver, afin d'assurer son existence ; il lui en faut à tout prix, aussi la moindre goutte de miel trouvée sur les fleurs est-elle, par lui, transformée en cire, avec un soin et une rapidité extrêmes ; ses rayons s'allongent insensiblement, et s'il n'amasse pas, il prépare l'avenir.

C'est que la nécessité produit des prodiges.

Que ce soit cette raison ou qu'il y en ait d'autres, peu importe, les faits sont là, il faut en tenir compte.

Le 17 juin de cette année, en enlevant à des souches, pour les récolter, leurs dernières populations, nous avons mis de côté en ruche nue un troisième essaim, pesant 2k

Le panier qui le reçut avait une capacité de 27 litres, et pesait. 4 250

Poids total au moment de la mise en ruche. 6k 250

Le 7 juillet, le poids s'élevait à 7 500

Il avait donc augmenté, en 20 jours, de . 1 250

c'était bien peu. Toutefois, les 5/6es du vaisseau étaient remplis par de beaux rayons de cire réguliers, à alvéoles d'ouvrières, comme font toujours les essaims qui ont une jeune mère ; ces rayons représentaient 52 décimètres 1/2 ; or, le décimètre carré de rayon d'ouvrières n'ayant jamais servi pèse environ 11 grammes, le poids obtenu se composait donc de 577 grammes de cire.

Une des plus fortes ruches du rucher, pesée en même temps, donnait 31 k. le 17 juin, et 33 k. le 7 juillet ;

elle accusait, par conséquent, une augmentation de 2 k. dans le même espace de temps.

La différence entre cette ruche et l'essaim, est donc de 750 grammes, par conséquent, les 52 décimètres de cire ont coûté aux abeilles 750 grammes de miel, et cela, en admettant que les deux populations, égales à l'origine de l'expérience, y sont restées constamment, ce qui ne peut être; car l'essaim a perdu de sa population, c'est indiscutable, tandis que la ruche en a gagné, ou tout ou moins a réparé ses pertes de chaque jour, par l'éclosion du couvain.

Or, le décimètre carré de cire vierge sèche, à alvéoles d'ouvrières, pèse, avons-nous dit, environ 11 grammes, ce qui donne pour 52 décimètres 1/2, la quantité de 577 grammes de cire en rayon.

Il a donc fallu 2 kilos de miel pour produire 577 grammes de cire.

Maintenant, quelle est la valeur commerciale de 2 kilos de miel, et quelle est celle de 577 grammes de cire ?

La réponse à cette double question peut donner une idée assez exacte de ce que coûte la cire, et de ce que valent les allégations théoriques faites sur ce sujet.

Vainement viendrait-on objecter que les 577 grammes de cire en branche ne rendront pas à la fonte 577 grammes de cire épurée, soit ; mais les 2 kilos de miel en rayons rendront-ils au coulage 2 kilos de miel épuré. Assurément non.

Ici se présente une considération que nous ne devons pas perdre de vue; nous avons dit que l'essaim mis en ruche nue avait augmenté de 1 kilo 250 grammes, et que cette augmentation se composait de 725 grammes de cire environ.

Il resterait donc une non-valeur de. . . 548 gr., composée de miel, de couvain et de pollen.

Cette non-valeur n'entre pour rien dans le calcul qui précède, ce qui amoindrit nécessairement le rendement attribué à l'essaim ; il convient de faire subir également aussi aux 2 kilos de miel trouvés à la ruche de comparaison, une réduction pareille ; car il est évident que cette ruche a aussi une non-valeur semblable, produite par les mêmes causes : en sorte que l'augmentation qu'on lui trouve ne peut être de 2 kilos, mais seulement de 1 k. 452 grammes de miel.

Par conséquent, la ruche aurait amassé 1 k. 452 gr. de miel, et l'essaim 577 grammes de cire : ce serait donc, en compte rond, près de trois parties de miel pour une de cire, c'est-à-dire 3 fois plus comme quantité, bien entendu, mais non comme valeur réelle, puisque la cire vaut plus que le miel.

Voilà un fait qui rejette bien loin ces évaluations fantaisistes qui accusent le rayon de cire d'absorber 10, 20, 40 fois son poids de miel.

Nous croyons devoir ajouter qu'à partir du 9 juin jusqu'au 7 juillet, jour du pesage, nous n'avons pas constaté d'augmentation de poids dans les ruches établies, si ce n'est dans quelques colonies exceptionnelles, et, chose à remarquer, tous les essaims un peu populeux, de 2 kilos d'abeilles, venus pendant ces jours mauvais, ont construit d'assez bonnes bâtisses, et amassé quelque chose ; ainsi, des essaims du 13 ont trouvé 7 à 8 kilos, tandis que les autres ruches, prises dans leur ensemble, n'ont rien fait.

Pourquoi cela ?

Et cependant, il y a eu dans cet invervalle du 9 juin au 7 juillet, quelques jours où les abeilles ont pu glaner ; mais la consommation a absorbé le boni dans les ruches, tandis que les essaims ont conservé.

Pourquoi cela encore ?

Ne serait-ce pas parce que les essaims avaient moins de couvain à nourrir et à soigner que les ruches établies ?...

Ne serait-ce pas aussi parce que les nécessiteux développent plus d'activité que les repus.

Cela ne démontrerait-il pas qu'il est avantageux de multiplier les colonies par l'essaimage, non-seulement pour la récolte de la cire, mais aussi pour celle du miel.

C'est évidemment ce qui ressort des faits que nous venons de citer, et ces faits nous autorisent à dire que, dans un rucher bien dirigé, la cire se produit, le rayon se construit, sans nuire à la récolte et sans gêner les abeilles.

L'abeille est faite pour produire la cire, comme elle est faite pour produire le miel. Amoncelées en groupe, elles éprouvent le besoin de se couvrir de cire, c'est-à-dire de rayons qui puissent les abriter et suffire à toutes les exigences de leur situation ; ce besoin se fait particulièrement sentir sur les essaims qui possèdent une mère pondeuse. C'est évidemment une nécessité de leur nature, et qui sait si la suppression de ce besoin n'a pas des inconvénients aussi funestes à l'abeille qu'onéreux pour l'apiculteur.

La cire est une récolte, comme le miel est une récolte : l'un et l'autre sont le produit du travail de l'abeille ; toutes deux ont une valeur très-grande : nous ne devons donc supprimer ni l'une ni l'autre, nous devons au contraire faciliter leur obtention.

Cela nous amène à dire que tout système de culture qui n'utilise pas les forces et les aptitudes de l'insecte, est un système imparfait.

TROISIÈME PARTIE

TRAVAUX DU LABORATOIRE

MANIPULATION, EXTRACTION & ÉPURATION DES PRODUITS

Du miel. — Le façonnement du miel exige une haute température, pour que le rendement soit complet et l'épuration parfaite; aussitôt que la ruche, vide d'abeilles, est déposée au laboratoire, les rayons doivent en être extraits et triés soigneusement; au fur et à mesure de l'extraction, ceux qui contiennent du pollen sont mis à part, parce que le pollen communique au miel sa couleur jaune, son goût âcre, et lui enlève son arôme; ceux qui renferment du miel non operculé, sont également mis de côté, parce que ce miel aqueux empêche la granulation.

Il est d'usage, dans beaucoup de contrées, de presser les rayons avec les mains, le plus fortement possible, afin de faire sortir au plus vite le miel contenu dans les alvéoles ; on met ensuite dégoutter, sur des cagettes posées au-dessus de terrines, les pelottes de cire grasse formées par cette pression. Ce travail grossier est fait sans triage, les rayons de pollen sont triturés avec les bons gâteaux.

Quelques apiculteurs se servent de mellificateurs solaires, pour l'extraction du premier miel ; ce moyen n'est pas sans danger : les résultats peuvent être bons ou mauvais, selon les soins qu'on y apporte ; il faut savoir modérer la chaleur et l'empêcher de s'élever au-delà de 25 à 30 degrés, car le miel obtenu à une température assez haute pour faire fondre la cire, perd de sa finesse et de sa blancheur.

Dans certaines contrées du Midi, on n'y met pas tant de façons : on précipite dans un tonneau tout le contenu de la ruche : miel, couvain, pollen, abeilles, et, avec un fouloir, on écrase tout cela... Ce qui pis est, c'est que ce gâchis impur peut nuire à la santé de ceux qui en usent, et malheureusement le commerce l'enlève avec empressement, parce qu'il est bon marché, et l'industrie le livre à la consommation sous des formes attrayantes, avec une partie des principes vénéneux qu'il contient.

On ne comprend pas qu'il y ait encore, à notre époque, des producteurs aussi arriérés et des commerçants aussi peu scrupuleux.

La fabrication du miel est très-simple et très-facile ; le plus pauvre habitant des campagnes et le plus inhabile peut s'en tirer au mieux et à peu de frais ; mais pour cela il faut quitter de vieilles habitudes routinières et prêter l'oreille aux bons conseils.

Disons d'abord que pour faire de bon miel, il faut que la récolte se fasse de bonne heure et que les ruches à récolter soient sans couvain. C'est un point important.

La ruche conduite par l'apiculteur n'a plus de couvain vingt-un jours après la sortie du premier essaim qu'elle a donné ; son miel est de qualité supérieure, parce que l'abeille l'a puisé sur les meilleures fleurs printanières, et que la ruche est débarrassée de presque toutes les matières qui servent à la nourriture du couvain.

La ruche abandonnée à elle-même ne peut guère être récoltée qu'après la sève d'août ; à cette époque, elle est sans couvain, mais alors il est trop tard, le miel, plus froid, ne se sépare pas aussi facilement qu'aux mois de juin et juillet : sa qualité est moins bonne, parce que les fleurs et les végétaux d'arrière-saison ont des sucs inférieurs, et il est moins abondant, parce que les bourdons se sont nourris aux dépens de la ruche.

Cela dit, entrons dans le rucher. Voici les deux ruches que vous voulez récolter : transvasons-les ; il ne faut jamais faire mourir les abeilles ; mettons le panier qui reçoit les pauvres exilées en la place de leur ancienne demeure, afin que celles qui sont aux champs puissent se réunir à elles, et que toutes ensemble soient sauvées et utilisées par vos soins propres. Maintenant, portons les ruches vides d'abeilles à la maison ; si vous avez une chambre éclairée au midi, ce sera parfait, sinon mettons-nous dans le fournil ou dans la chambre où tout le ménage se fait, pourvu qu'elle soit bien close. Bouchons toutes les ouvertures le mieux possible, pour empêcher la visite des pillardes.

Il nous faut deux grandes terrines et deux cagettes ou cagerons à fromages pour les contenir : l'une recevra les rayons blancs qui n'ont pas encore servi de berceau au couvain ; le miel en est pur, sans mélange de pollen : ce sera notre miel vierge ; l'autre, les rayons de qualité inférieure, contenant du miel et du pollen : ce sera notre miel de second choix. A travers ces cagettes, les rayons laisseront égoutter le miel comme le caillé laisse échapper le petit lait ; mais il faudrait que ces cagettes eussent des rebords de 7 à 8 centimètres de hauteur, et qu'elles pussent entrer un peu dans l'intérieur des terrines, 2 ou 3 centimètres seulement. Dans ces conditions, une seule pourrait contenir tout le produit d'une de nos grandes ruches en cloche d'une seule pièce, jaugeant 45 à 50 litres.

C'est précisément à une de ces grandes ruches que nous avons à faire. Le dépouillement en est bien facile : frappez-la fortement contre terre, sur le flanc des rayons ; retournez-la, et donnez une pareille secousse du côté opposé : c'est bien, tous les rayons sont détachés, il ne reste plus qu'à retirer les barrettes transversales qui servaient à les soutenir ; prenez des tenailles, car elles glisseraient dans vos mains déjà grasses.

Maintenant, à défaut de servante faite exprès, ou d'un petit tonneau défoncé par un bout, pour maintenir votre ruche, prenez-la tout bonnement entre vos jambes, inclinez-la un peu sur vos genoux ; dans cette position, les rayons sont faciles à extraire : retirez-les un à un, afin de faire un bon triage.

Le premier qui se présente est magnifique de grosseur et de blancheur : le miel en est exquis ; mettez-le sur la cagette de choix ; le deuxième est aussi blanc, mais mois épais, et la partie supérieure est un peu noire; cependant, je ne vois pas de rouge, le miel a une teinte verdâtre : bon signe, mettez-le avec le premier.

Celui qui vient ensuite me paraît moins beau : la partie inférieure est assez blanche, mais les deux tiers du rayon en remontant sont tachés de pollen ; détachez la partie blanche pour la mettre au choix, et jetez l'autre dans la cagette aux rebuts, en élevant le rayon au jour, pour en distinguer facilement le pollen et les différentes sortes de miel dont il peut être rempli.

Les quatre grands rayons du centre sont débarrassés de couvain, mais chargés de rouget : leur place est dans la seconde cagette.

Le huitième rayon vaut mieux : il y a un triage à faire.

Le neuvième et les suivants sont superbes.

La deuxième ruche à dépouiller est à hausses : nous allons faire comme pour la précédente, seulement au lieu de la heurter tout entière contre terre pour détacher les rayons, il faut prendre les hausses une à une et les frapper séparément, toujours sur le flanc : le détachement se fera mieux et sans gâchis.

Enlevez cette cire vide que vous voyez dans la première hausse : il ne faut pas la laisser avec la cire grasse, elle boirait le miel en pure perte ; si le miel n'est pas operculé, au lieu de détacher les rayons, conservez-les intacts, pour servir de bâtisses. Je vois beaucoup de couvain dans la deuxième hausse et peu de miel ; la plus grande partie de ce miel n'est pas operculé, et par conséquent n'a pas une grande valeur, car mêlé avec l'autre il nuirait à sa granulation ; ne touchons pas à cette hausse, elle nous servira tout-à-l'heure à fortifier un essaim faible, en la mettant dessous, ou un bon trévas en la plaçant dessus ; si la hausse supérieure de l'essaim n'était pas remplie, on la mettrait aussi dessus, car il est nécessaire que le haut de la ruche soit toujours bien garni.

En faisant cette recommandation, nous devons ajouter que jamais on ne doit trouver de couvain dans la ruche que l'on récolte, si la récolte est faite avec opportunité.

Les secousses violentes que vous avez données ont bien facilité la besogne; les rayons, complètement décollés, n'ont présenté aucune résistance à leur enlèvement; il n'y a plus rien dans vos ruches, cependant, avant de les mettre égoutter, il faut enlever avec soin ces débris que les rayons, en se détachant, ont laissé sur les parois du fond ; prenez une spatule ou un couteau recourbé : vous n'en avez pas, et bien ! prenez votre serpette à tailler la vigne, ça ira parfaitement. Il faut savoir faire arme de tout, et se passer de bien des outils que souvent on désigne bien à tort comme indispensables.

Ecrasement des rayons. — Vous avez vu qu'au fur et à mesure que vous déposiez les rayons dans les cagettes, je m'empressais de les écraser, afin d'éviter l'engorgement et de permettre au miel de s'égoutter facilement pendant qu'il était encore chaud.

Vous avez remarqué avec quel soin je faisais ce travail; vous avez vu que les rayons blancs s'affaissaient sur eux-mêmes au moindre contact de ma main; les rayons noirs, plus résistants, ont été brisés du bout des doigts, de façon à permettre au miel de s'écouler sans entraîner le pollen avec lui; les alvéoles qui le contiennent doivent être mis à part, si on le peut et jamais écrasés; il faut même se contenter de glisser la main sur ceux qui en sont chargés, sans les briser, afin que le miel seul puisse s'échapper. Ne les pétrissez jamais dans vos mains.

C'est en suivant rigoureusement ces prescriptions que l'on fait de beau miel.

Voyez comme il est limpide et clair sous les cagettes.

Vous pourrez hardiment vendre votre miel de choix pour du miel vierge ou surfin.

Nous sommes favorisés par le temps : la journée est belle, le soleil brille et échauffe nos rayons et notre chambre de travail; le thermomètre marque 25 degrés, vous suez, c'est assez de chaleur, par conséquent nous pouvons nous passer de la chaleur artificielle d'un poële.

Laissons ces marcs égoutter doucement, demain matin ils ne rendront plus rien, nous les *mettrons au four* aussitôt que votre pain sera tiré, pour en obtenir le miel commun.

Nous les retirerons trois ou quatre heures après; le marc sera enlevé de suite des cagettes, afin qu'il n'y adhère pas, et à mesure que le refroidissement se produira, la cire qui se trouve mêlée au miel s'en séparera en pains faciles à enlever. Avant d'empoter le miel, nous pourrons l'épurer comme nous allons le dire tout à l'heure.

Cette manière d'extraire le gros miel est à la portée de tous les possesseurs d'abeilles, qui presque tous ont des fours à leur disposition : le miel est plus pur et l'extraction est aussi complète qu'avec le pressoir que les gros industriels emploient exclusivement.

Epuration. — Il ne suffit pas de bien trier les rayons, de les écraser légèrement et avec précaution : il faut encore compléter ce bon travail par un autre non moins important.

Le miel en s'égouttant entraîne avec lui des parcelles de cire qui remontent à la surface des terrines et des baquets où il tombe. Beaucoup d'apiculteurs croient n'avoir rien de mieux à faire que d'enlever cette écume à la cuillère, de passer une demi-heure ou une heure à écumer une terrine ; quoi qu'ils fassent, il reste toujours quelques parcelles de cire qui leur échappent et qui salissent le miel. Cette mauvaise méthode leur fait perdre beaucoup de temps et de matière pour obtenir un résultat imparfait.

On obtient une épuration complète par un procédé économique aussi simple que commode.

Le miel a, comme le vin, la propriété de remonter son marc à sa surface, de se débarrasser ainsi de toutes les matières hétérogènes qu'il contient.

Le vigneron se garde bien d'écumer son vin, il le soutire ; l'apiculteur doit aussi se garder d'écumer son miel : pour l'un comme pour l'autre, le soutirage est absolument nécessaire, c'est le moyen d'économiser le temps et d'obtenir un épuration parfaite.

Que faut-il pour cela ? un épurateur ou un petit tonneau pouvant en tenir lieu ; mais vous êtes mal outillé, vous n'avez pas cela, c'est pourtant peu coûteux ; mais voici un pot de grès qui peut contenir 40 à 45 litres. Est-il propre ? a-t-il une bonne odeur ? il va fort bien faire notre affaire. Nous allons le percer à sa base d'un petit trou pour y adapter une broche et demain matin nous verserons dedans notre beau miel, nous le laisserons reposer pendant *quarante-huit heures,* puis nous lâcherons la broche qui le laissera écouler doucement dans les pots qui devront le conserver.

Le marc qui restera sera mis une autre fois au four avec des débris de rayons, et donnera un excellent miel commun.

Les détails que nous venons de donner démontrent avec évidence que le plus petit possesseur d'abeilles peut récolter et façonner son miel sans grandes dépenses d'intelligence et d'argent.

2 terrines, à 1 fr. 50 c., soit	3f	7 fr. 25 c.
2 cagettes, à 1 25 —	2 50	
1 pot de grès ou tonneau,	2 »	
Serpette,	75	

Voilà, il faut en convenir, un outillage aussi peu coûteux que les procédés indiqués sont simples et faciles.

La fabrication en grand demande un outillage plus complet et un local spécial.

Le laboratoire doit être bien clos, exposé au midi, largement éclairé, et assez vaste pour être divisé en deux parties. La bonne exposition aux rayons solaires le rend sec et chaud ; le bon éclairage facilite le triage des rayons et les diverses manipulations; une pièce bien close conserve la chaleur et empêche l'envahissement des pillardes; la division en deux parties évite l'encombrement, rend le travail plus propre, moins fatigant, et permet de fondre la cire à volonté, sans dérangement, et sans que les buées épaisses de la matière fondue puissent altérer la qualité du miel.

Une partie est destinée exclusivement à la fonte de la cire; elle contient le pressoir, le fourneau, l'épurateur.

La seconde est elle-même subdivisée en deux parties :

L'une sert au travail d'extraction et de manipulation;

L'autre, au coulage et à l'épuration.

La première partie reçoit à leur arrivée les ruches, cadres ou calottes à dépouiller, lesquels sont pesés et rangés par ordre, les uns à côté des autres; dans le fond sont les terrines ou baquets garnis de leurs cagettes, où les rayons sont déposés et écrasés.

Dans la seconde se trouvent, le long des murs, les auges, terrines ou baquets qui attendent les cagettes qui contiennent les rayons brisés, préparés pour l'égouttage; dans un coin sont les épurateurs, uo le miel se repose et s'épure.

Cette division du laboratoire est très-avantageuse sous plus d'un rapport : dans la partie où s'effectue le travail manuel, l'ouvrier, sous une température douce, est à son aise; il n'est pas fatigué par la chaleur malsaine; l'épuration et les cires que l'on détache, les détritus qui tombent par l'effet du travail de dépouillement, ne causent ni encombrement, ni malpropreté, dans l'endroit où s'épure le miel.

Cette partie du laboratoire est une sorte d'étuve où le coulage et l'épurement du miel se font dans les meilleures conditions que possible, sous une température convenable, que donne le calorifère placé au milieu.

A mesure que les cagettes s'emplissent sous les doigts des ouvriers, elles sont placées sur les augets, terrines ou vases de l'étuve, pour s'égoutter.

Ces sortes d'augets mesurent un, deux ou trois mètres de longueur, et 50 centimètres environ d'évasement ; à l'intérieur, une tringle circulaire ou 4 ou 5 barrettes transversales mises à demeure, supportent les cagettes.

Ces auges reposent sur des tréteaux ou sur des chantiers ; elles sont légèrement inclinées, pour faciliter l'écoulement du miel. Une petite ouverture faite à la partie inférieure, donne passage au miel, qui tombe dans un baquet ou directement dans l'épurateur même, si la disposition des lieux s'y prête.

Cette partie du laboratoire doit avoir une température uniforme, variant seulement entre 25 et 30 degrés. L'élévation de la température facilite l'évaporation des matières aqueuses que le miel contient ; elle le murit en quelque sorte, et lui assure une conservation plus parfaite. La chaleur est une condition essentielle d'une bonne épuration, comme la propreté est une condition essentielle de bonne conservation.

On laisse reposer le miel pendant 24 et mieux pendant 48 heures, après quoi on le soutire ; ce temps est nécessaire pour obtenir une bonne épuration. Le soutirage se fait par le bas, au moyen d'une petite canelle ou d'un gros cochet; le cochet est préférable : on ferme aussitôt que l'on voit sortir quelques petites parcelles de cire; on évite cette apparition de pellicules cireuses en ne soutirant pas jusqu'à épuisement.

Dans beaucoup de localités, on peut remplir l'épurateur sans l'avoir vidé complètement, parce que le miel est longtemps à prendre; dans d'autres, au contraire, il faut soutirer et vider à fond, parce que le miel se fige très-vite; cela tient à la provenance.

Pour économiser la main d'œuvre, on soutire directement le miel de l'épurateur, dans les pots ou dans les barils qui doivent le conserver. Ces vases sont expédiés ou mis en magasin, aussitôt qu'ils sont remplis. Le magasin doit être sec et froid, à température uniforme, autant que possible.

Il est bien entendu qu'il faut avoir autant d'épurateurs que l'on a de sortes de miel. *(Voir pour la description de cet instrument, l'article fonte et épuration de la cire.)*

On pose sur les marcs qui s'égouttent les ruches, cadres ou rayons dépouillés, afin de les dessécher, puis on les porte ensuite au magasin, où les abeilles achèvent le dessèchement. Les terrines ou baquets doivent être vidés avec soin, parce que les petits résidus de miel s'aigrissent vite et se perdent.

24 heures suffisent pour égoutter les marcs; ils sont

enlevés des cagettes, et mis au four ou soumis au pressoir.

Le four, aussitôt après que le pain a été retiré, donne un miel plus agréable au goût, plus nourrissant que le pressoir, et le rendement est aussi grand.

Le miel cristallisé qui se trouve parfois dans certaines ruches, se fond sous la chaleur du four, tandis qu'il résiste à l'action du pressoir, à moins qu'on ne le fasse chauffer au bain-marie avant de le mettre sous la presse.

Si on se sert du four, on prend des terrines à miel, dans lesquelles on met des cagettes remplies de marc.

Si on emploie le pressoir, on met le miel dans des sacs ou mieux dans des toiles de corde, et on presse ; il faut avoir le soin de ne pas laisser dessécher ni refroidir les marcs, car alors l'extraction se ferait mal.

Certains industriels surmontent ces difficultés en employant des moyens que nous ne voulons pas décrire, parce qu'il est inutile, sinon dangereux, de divulguer des procédés inavouables.

Conservation du miel. — Les lieux humides ou trop chauds, ou à température variable, ne conviennent pas au miel ; il se liquéfie et s'aigrit ; il s'altère aussi au voisinage des matières fermentescibles ; il se conserve bien dans les endroits secs et aérés.

Le Mello-Extracteur. — Le bruit qui s'est fait autour de cet instrument, nous oblige à en dire un mot.

Né de la nécessité de conserver intacts les rayons de cire, pour satisfaire aux besoins du mobilisme, *il* a grandi avec les idées exclusives de cette école; son importance actuelle s'amoindrira probablement avec les exigences qui l'ont fait naître, c'est-à-dire à mesure que les procédés, en s'améliorant, permettront la production des rayons naturels ; mais alors il pourra reprendre une importance nouvelle, en rendant des services plus généraux et plus sérieux.

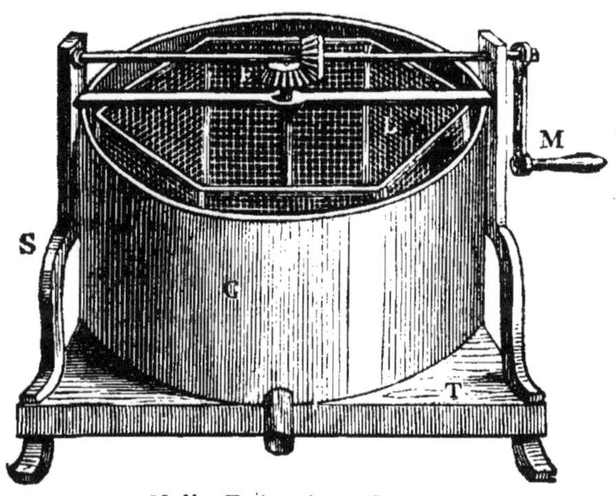

Mello-Extracteur FAURE.

La figure ci-dessus donne une idée assez exacte de la construction de ces appareils, dont la force, la grandeur et les agencements varient beaucoup.

La manivelle M met en mouvement un double engrenage E, qui imprime à la lanterne L la rotation nécessaire. Cette lanterne est à 6 pans, et supporte les cadres métalliques qui maintiennent les rayons dont le miel, lancé contre les parois du tambour C, sort par le tuyau ménagé au bas. Les deux côtés du rayon ne se vident pas à la fois. Lorsque celui qui fait face aux parois est vidé, on retourne le cadre pour vider l'autre.

Le Mello-Extracteur n'est autre chose que la force centrifuge appliquée à l'extraction du miel. L'idée de M. de Hurscka est bonne, seulement l'application laisse encore beaucoup à désirer, malgré les perfectionnements déjà réalisés.

L'extraction se fait aussi bien que possible, lorsque l'on agit sur des rayons qui contiennent du miel non operculé; mais elle ne se fait pas sur les alvéoles bouchés. Il faut les désoperculer, c'est-à-dire qu'il faut enlever la pellicule qui recouvre chaque alvéole, ce qui se fait soit avec un couteau, soit avec un racloir ou un instrument spécial. Ce travail est très-long et très-minutieux : c'est une difficulté qu'il faut nécessairement surmonter.

Fonte et épuration de la cire. — L'apiculteur qui ne connaît pas la fonte de la cire, perd une notable partie de ses produits; les *leveurs* de cire en branche, les tailleurs de ruches et après eux les ciriers, réalisent à ses dépens des bénéfices importants. Il est donc nécessaire, dans l'intérêt de cette culture et principalement de la classe intéressante de nos petits producteurs, de divulguer les bons procédés.

Les ciriers distinguent deux sortes de cire : la cire en branche ou rayons secs, provenant de taille ou de morines, et la grasse ou rayons d'où le miel a été extrait. Ces deux sortes peuvent se fondre de la même manière.

En ceci, comme en toute industrie, il faut être bien

outillé : c'est le moyen d'obtenir le rendement le plus avantageux possible, soit sous le rapport de l'abondance et de la qualité des produits, soit sous celui de l'économie de temps et d'argent.

Il faut posséder un fourneau, à l'instar des distillateurs, muni d'une chaudière *en cuivre* (la fonte peut noircir), un pressoir puissant, des toiles de cordes pour recevoir les marcs de cire, une jale où tombent l'eau et la cire sortant du pressoir, un épurateur ou long baquet dans lequel se versent successivement toutes les baquetées de l'extraction, et des moules en ferblanc ou en terre pour briqueter la cire.

Malheureusement, ceux qui ne possèdent que quelques ruches n'ont pas l'outillage nécessaire, et leurs tentatives d'extraction sont si peu satisfaisantes qu'ils préfèrent vendre leur cire sans la fondre ; leurs procédés sont d'ailleurs surannés et très-défectueux.

Les uns mettent au four leur cire grasse, dont le marc en retient encore une assez grande quantité ; ils ne peuvent pas y mettre leurs rayons secs, ils se carboniseraient sans rien rendre ; ils les vendent et donnent d'ordinaire, par-dessus le marché, leur marc sorti du four.

D'autres recouvrent d'une claie (cageron à fromage) la cire dont ils emplissent la chaudière, la chargent d'un poids quelconque assez lourd pour la tenir au fond, versent de l'eau suffisamment pour recouvrir les poids de quelques centimètres. La cire en fondant monte à la surface. Après le refroidissement, le pain de cire, séparé de son marc, est enlevé, le dessous est raclé et débarrassé du dépôt qui s'est fait.

Ce moyen est quelquefois pratiqué d'une autre façon ; au lieu de laisser figer la cire à la surface du vase où elle a été fondue, on la fait se déverser, à mesure qu'elle fond, dans un autre vase où elle s'épure ; pour cela, il faut une chaudière disposée de façon à laisser échapper le trop plein par un bec fait exprès ; cette chaudière est emplie jusqu'aux bords, et au moment où la cire se sépare de son marc et monte sur l'eau, on la penche ou l'on augmente le liquide avec de l'eau chaude, pour faire déborder la cire.

Il y en a d'autres qui entonnent la cire liquéfiée dans un sac taillé en pointe, comme un bonnet de nuit, suspendent ce sac en l'air, et le pressurent en faisant glisser sur sa surface deux bâtons, depuis le haut jusqu'à la pointe, légèrement d'abord, et augmentent ensuite la pression de plus en plus. Dans ce cas, on plonge le sac dans l'eau chaude avant d'y mettre la cire, pour l'empêcher de jaillir au visage.

Enfin, d'autres remplissent de rayons une cagette à claires-voies, à rebords de 7 à 8 centim.; cette cagette repose sur un baquet épurateur (semblable à celui qui va être décrit plus loin) dont la capacité est proportionnée à la force de leur exploitation. Au contact de l'eau chaude qu'ils versent à plusieurs reprises, la cire fond et se précipite dans le baquet. Lorsque le marc est suffisamment épuisé, ils l'enlèvent de la cagette, qui reçoit une nouvelle charge de cire, et ainsi de suite jusqu'à ce qu'il n'y ait plus rien à fondre.

La fonte terminée, ils remplacent la cagette par un

couvercle en bois qui bouche bien le baquet ; ils recouvrent le tout d'une couverture de toile ou de laine assez épaisse pour conserver une chaleur capable de tenir la cire à l'état liquide pendant plusieurs heures, afin de lui donner le temps de s'épurer, puis ils soutirent et opèrent comme nous le dirons tout à l'heure pour le travail en grand.

Ce procédé donne un rendement d'une qualité supérieure, mais incomplet.

Tous ces moyens font perdre beaucoup de temps et de matière. Nous nous gardons bien de les conseiller.

Des méthodes plus parfaites sont usitées dans les grandes exploitations.

Entrons dans le laboratoire, voyons d'abord s'il est bien clos, il ne faut pas que les abeilles puissent y pénétrer ; c'est un soin que l'on ne doit jamais négliger. Nous voilà en face du fourneau, l'intérieur est disposé comme ceux des distillateurs, la flamme du foyer frappe seulement le fond de la chaudière. Un courant entraîne autour de ses parois la fumée brûlante qui les échauffe en passant pour aller s'échapper par la cheminée, ce qui rend les coups de feu peu à craindre.

Voici la chaudière, elle est en cuivre rouge et mobile, cette mobilité est quelquefois utile. Commençons notre travail en y versant trente litres d'eau environ ; maintenant allumons le feu, nous l'alimenterons avec du cock ou du gros bois pour avoir peu de flamme et beaucoup de chaleur.

Pendant que l'eau chauffe, préparons le pressoir. Le voilà tout à côté du fourneau, afin de pouvoir verser facilement dans la maie la matière à pressurer. Il se compose de deux fortes jumelles reliées ensemble par deux traverses de grande résistance ; celle du bas sur laquelle repose la maie est mois forte que celle du haut qui soutient la vis, et sur laquelle se font principalement sentir les efforts de la pression.

La vis est en fer (de 8 centimètres de diamètre), à pas très-étroit ; sa force est considérable, et c'est nécessaire, car l'extraction de la cire demande une pression très-forte, elle n'est jamais trop grande. La vis joue dans un écrou en fer, vissé à la traverse supérieure qui lui prête sa force, sa partie inférieure se termine en forme d'œuf, dont la pointe en acier pivote sur une plaque en fonte très-épaisse, à demeure sur le mouton; ce mouton, ou bloc de bois, suit tous les mouvements de la vis, et glisse au moyen de tenons à ses extrémités, dans les rainures pratiquées le long des jumelles. Le bas de la vis est muni d'une lanterne ou tête en fonte à quatre branches espacées, qui permettent d'y introduire un levier qui a 2 mètres 50 de long.

La maie est une boîte carrée, solidement ferrée, à canelures profondes à l'intérieur pour éviter l'engorgement. Le liquide fuit par cette large goutière où toutes les rigoles viennent aboutir. Voici les fortes barres en bois de noyer, d'acacia ou de frêne que l'on met au fond de la maie pour supporter le grillage par ou s'échappe la matière fondue.

Il y a des presses à percussion qui sont moins encombrantes, et dont le maniment est plus facile.

Cela dit, mettons-nous à l'œuvre : établissons la maie

à sa place sur la traverse inférieure de la presse, et mettons au fond les barres ou traverses qui doivent empêcher le grillage d'y toucher, plaçons-le, et sur ce grillage déployons la toile de *corde* qui va recevoir la cire. Ne négligeons pas d'étendre sur cette toile une petite couche de paille pour éviter l'englument, approchons le baquet de façon à ce que ses bords touchent la presse, pour que la matière liquide s'échappant par la gouttière puisse y tomber en plein.

Mais déjà l'eau est assez chaude pour recevoir les rayons de cire, hâtons-nous, il ne faut pas attendre qu'elle soit en ébullition, faisons plonger la cire en la remuant avec ce bâton, agitons le marc souvent et doucement pour bien le diviser et permettre à toutes les molécules de fondre rapidement. En imprimant au liquide un mouvement de rotation, l'eau se colore en jaune aux approches de l'ébullition, qui commence par un petit clapotement ; modérons alors le feu, si le bâton en agitant la matière liquéfiée ne sent plus de résistance, versons au plus vite, elle est fondue suffisamment.

Rabattons sur le liquide brûlant les coins de la toile, recouvrons-là d'un lourd madrier et faisons jouer la vis, doucement d'abord pour donner le temps à la matière pressée de s'écrouler sans rejaillir à la surface, et sans produire d'engorgement à l'intérieur.

L'eau s'écoule rapidement entraînant avec elle quelques parties de la cire. Pendant que la vis descend lentement, vidons le baquet presque plein dans l'épurateur placé là tout près pour faciliter le transvasement, le plus près possible, pourvu qu'il ne gêne pas le jeu du levier ; mettons dessous pour l'exhausser ce trépied qui va nous permettre de placer un seau sous le cochet de cuivre qui est à l'extrémité de la partie inférieure de l'épurateur, et dessus posons ce tamis destiné à retenir les ordures légères qui remonteraient à la surface.

Cet instrument, comme vous le voyez, est une sorte de tonneau étroit, défoncé par le haut, dont la grandeur variable doit être en rapport avec l'importance de l'exploitation ; ses douves en sapin très-épaisses (4 à 5 centimètres), sont consolidées au moyen de six cercles en fer, dont quatre à la partie supérieure où il faut une grande force pour empêcher la cire de suinter à travers les joints. A 15 ou 20 centimètres de l'orifice sont placées plusieurs broches distancées en contre-bas de 5 à 10 centimètres, et placées de façon à laisser approcher de l'épurateur au-dessous de chacune d'elles le vase qui sert au soutirage.

Maintenant que nous y avons versé le contenu du baquet, cire et eau, enlevons le tamis et recouvrons-le de son couvercle en bois, mettons sur ce couvercle les toiles à extraire la cire, les sacs que nous avons sous la main, etc., afin de concentrer la chaleur et tenir la cire à l'état liquide.

Les derniers coups de levier étant donnés, il faut desserrer aussitôt que le marc desséché ne rend plus rien, et se hâter de verser dans l'eau devenue suffisamment chaude, une nouvelle charge de cire qui va être fondue et bonne à soumettre au pressoir tout aussitôt qu'il sera mis en état de la recevoir. Remettons les toiles au plus vite et versons cette nouvelle *serre*, faisons agir la vis, vidons le baquet dans l'épurateur, et opérons comme nous venons de le dire.

N'oublions pas, à mesure que l'épurateur s'emplit, de faire du vide en soutirant, par le cochet qui est à la base, un seau d'eau d'abord, puis deux, puis trois, de manière à ce qu'il y ait toujours de la place pour recevoir l'eau et la cire sorties de chaque fonte.

Cette eau tirée de l'épurateur peut être versée dans la chaudière et servir à la fonte des pressées suivantes.

Lorsque la dernière serre est vidée, si l'on trouve que la cire n'est pas suffisamment liquide, on peut y jeter une chaudiérée d'eau chaude à petite ébullition, puis recouvrir l'épurateur avec des couvertures suffisantes pour conserver la chaleur.

En agissant ainsi avec méthode et régularité, deux hommes qui s'entendent bien peuvent faire vingt fontes par jour.

Nous venons d'examiner les instruments, de chercher à nous rendre compte de leur usage et de leur fonctionnement, nous avons suivi pas à pas les différentes phases de la fonte, résumons en quelques mots le travail que nous venons de faire ensemble, afin de bien nous en pénétrer.

En entrant dans le laboratoire, la première chose à faire est de verser de l'eau dans la chaudière (trente litres), et d'allumer le feu qui est entretenu avec du cock ou du gros bois ; ensuite on prépare le pressoir, on met l'épurateur en place et on se hâte de mettre la cire dans la chaudière ; aussitôt que la vapeur qui s'échappe de l'eau annonce les approches de l'ébullition, on remue le marc le plus souvent possible pour le bien diviser, afin que tout fonde bien à la fois, puis on verse aussitôt que l'ébullition se manifeste et que le marc ne présente plus de résistance à la main ; la pression se fait lentement pour éviter l'engorgement, l'eau et la cire rejetées par le pressoir sont versées dans l'épurateur auquel on prend de l'eau pour faire de la place à celle qu'on y doit verser, et pour alimenter les fontes qui se succèdent ; et lorsque la dernière et finie, on réchauffe l'épurateur s'il est nécessaire, en y versant de l'eau chaude, et on le recouvre fortement pour faciliter l'épuration.

Épuration et coulage. — A ce moment, le thermomètre du laboratoire doit marquer 25 degrés centigrades environ ; dans ces conditions, la cire peut reposer pendant huit à neuf heures, elle s'épure complètement d'elle-même pendant ce temps, sans avoir besoin de recourir à des ingrédiens chimiques. Cependant certains apiculteurs versent quelques gouttes d'alcool ou un gramme d'alun dans la cire en fusion par chaque kilogramme de cire, pour lui faire tomber plus vite son pied, la clarifier et la rendre plus transparente.

Mais si pour une bonne opération il est nécessaire que la cire en fusion repose sous une température élevée, cette condition est bien plus impérieuse encore au moment du coulage. Il est facile d'obtenir une bonne température avec un poêle placé dans un coin, mais ce qui n'est pas aussi facile, et ce qui cependant est de la plus haute importance pour un bon briquetage, c'est de savoir saisir le degré convenable du refroidissement; trop chaude ou trop froide, la cire se creuse, adhère aux parois du moule ou se gerce.

Avant d'opérer, découvrez l'épurateur, et à défaut de thermomètre qui devrait marquer 69 à 70 degrés centigrades, attendez que ses bords portent l'empreinte d'un petit cordon jaune, et que la surface liquide se couvre d'une pelure légère fuyant au contact de votre haleine. Recouvrez un peu l'épurateur, soutirez au plus vite et versez doucement dans les moules préparés à l'avance, et frottés à l'intérieur avec un linge enduit de poudre de savon, d'huile, ou imbibé de miel.

Coulée dans ces conditions, votre cire sera légèrement bombée au milieu et arrondie sur les bords, c'est la marque de la perfection du coulage.

La fonte de la cire exige beaucoup de soins; pour l'obtenir belle, le marc ne doit être soumis à la fonte qu'une seule fois, fondu à petit feu et préservé d'une ébullition prolongée qui pourrait lui donner un coup de feu. Et pour que l'extraction soit complète au premier jet, il ne faut guère que 5 à 6 kilos de cire en branche pour chaque fonte; cela suffit à la force d'un bon pressoir ordinaire.

Les marcs du four ou du mellificateur que l'on désigne sous le nom de cires grasses, passent au pressoir de la même manière.

Les pains de cire fondus tirés du four ou du mellificateur, les résidus de l'épurateur sont soumis avant d'être mis en briques à une épuration nouvelle, l'action du pressoir est ici inutile. Les cires sont mises dans l'épurateur où elles sont fondues au moyen de l'eau bouillante qu'on y verse ; lorsqu'elles sont bien liquides, on recouvre convenablement l'épurateur comme pour les autres cires, et l'on procède en tout point de la même manière, soit pour le repos, soit pour le coulage. Nous insistons sur ce point que chaque journée de fonte doit se terminer par l'épuration et le coulage, car à toute refonte la cire perd de son poids, son huile s'évapore et sa couleur s'altère ; si l'on a un bon pressoir, il est inutile de refondre les marcs, ils donnent à la refonte un rendement insignifiant, et d'une qualité inférieure que ne compensent pas toujours les dépenses faites et le temps employé.

Ajoutons que la cire liquéfiée ne s'écume pas ; beaucoup d'industriels pratiquent encore ce mode suranné qui fait perdre beaucoup de matière, oblige à de grandes précautions et donne toujours des résultats défectueux :

Les briques ont souvent des taches à la surface et du *pied* à la base.

Le soutirage abrège le travail et donne des cires d'une pureté parfaite.

N'oublions pas de dire que les eaux de la cire peuvent être utilisées par la distillation qui sait en tirer de l'eau-de-vie potable ; le goût de provenance peut être enlevé en partie par une addition de noyaux, les eaux destinées à cet usage doivent être mises en sortant de l'épurateur dans de grands tonneaux et soumises à la fermentation.

La forme des moules n'est pas indifférente, le commerce de gros préfère ceux de 2 kilos ; l'épicerie de détail aime mieux les briques plus petites, la division en petits pains de 500 grammes ou de 250 grammes et au-dessous est très-recherchée.

En suivant ces renseignements, on peut tirer un bon parti de ses cires, mais, disons-le, pour faire bien et avec économie, il faut un certain coup de main qui ne s'acquière que par la pratique.

Conservation des cires. — La cire fondue doit être mise à l'ombre et au sec, le soleil lui enlève ses couleurs.

La cire en branche doit être fondue aussitôt l'extraction du miel ou immédiatement après la taille ; de la sorte, elle conserve sa couleur et son arôme. Si l'on est forcé de différer ce travail, il faut la mettre dans un cellier sec et aéré, l'écarter et la remuer le plus souvent possible pour empêcher la teigne de s'en emparer : cette précaution est très-importante, car la cire attaquée du ver est de qualité inférieure et rend moins.

Certains praticiens la lavent et la font sécher avant de la mettre au grenier; ils la lavent également pour la fondre, ce qui ne nous paraît pas absolument nécessaire.

APPENDICE

CALENDRIER APICOLE

Nous allons rappeler sous ce titre, aussi succintement que possible, les enseignements qui précèdent. C'est peut-être la forme qui convient le mieux pour présenter à la mémoire, avec le plus d'opportunité, le souvenir des opérations successives à faire pendant le cours de l'année.

1er TRIMESTRE

Janvier, Février, Mars.

L'hiver est la saison du repos; les abeilles, si agiles autrefois, sont maintenant dans un état d'engourdissement voisin de l'immobilité. Fortement serrées les unes contre les autres, au centre de leurs rayons, pour mieux y concentrer la chaleur, elles semblent se concerter pour économiser les provisions et se mesurer parcimonieusement leur cote-part, afin d'atteindre sûrement le retour des fleurs, tant elles consomment peu pendant leur réclusion. Gardons-nous bien de troubler leur tranquillité ; veillons seulement avec attention à ce que rien ne les dérange. Nous avons à les défendre contre les rongeurs, soit en leur faisant une guerre acharnée, soit en leur rendant l'entrée des ruches impossible ; nous avons à les protéger contre les vents, à les abriter contre le froid, et à les préserver de l'humidité. Couvrons-les de bons paillassons, donnons-leur de bons abris, si ce n'est pas encore fait. Toutes les ruches doivent être suffisamment consolidées pour résister aux coups de vents, aux ouragans. Ces dernières recommandations s'appliquent particulièrement aux ruches vulgaires et à hausses ; les ruches basses à rayons mobiles se garantissent d'elles-mêmes, par leur propre poids et leur peu d'élévation.

Dès janvier, aussitôt après les dégels, lorsque les abeilles, profitant de quelques rayons de soleil, sortent pour se vider, il est bon de jeter un coup-d'œil attentif sur toutes les ruchées, et d'examiner à l'intérieur celles qui paraissent faibles, afin de leur donner sans tarder davantage les soins que leur situation réclame. Réunir les orphelines qui n'ont pas d'ouvrières pondeuses, aux ruches faibles bien organisées (page 145), supprimer les colonies bourdonneuses et s'emparer de leurs produits, donner de la nourriture aux ruches qui en manquent (page 124). Procurer de l'air à celles que l'humidité atteint (page 150), réchauffer celles que le froid a engourdies (page 205).

Février réclame ces soins plus impérieusement encore, et à la fin de ce mois ou au commencement de mars, si la température est douce, il est indispensable de faire une visite générale, afin d'apprécier la valeur de chaque ruche.

Toutes celles qui sont à bout de provisions, dont la population est languissante, toutes celles qui ne possèdent pas de couvain, réclament impérieusement les soins immédiats de l'apiculteur. Il faut se hâter d'y procéder, comme nous venons de le dire. Il ne faut conserver que les colonies *vivaces, bien groupées :* ces signes annoncent une bonne organisation et assurent au praticien les meilleurs résultats possibles. C'est à ces ruches qu'il est essentiel de prodiguer tous les soins nécessaires ; c'est à celles qui sont faibles et vivaces, qu'il faut réunir les populations orphelines ou languissantes, avec leurs bâtisses et leurs provisions.

Soulever sur de petites cales les ruches atteintes de l'humidité, afin de les aérer et de les assainir.

C'est le moment de nettoyer les plateaux, d'enlever les rayons moisis, de rogner les parties rongées par les souris, et de supprimer tous les rayons à alvéoles de mâles, qui se trouvent au centre ; c'est l'instant de donner aux ruches la capacité nécessaire et les bâtisses suffisantes pour les besoins de la ponte. (Page 130.)

Vers la fin de mars, ou plus exactement cinq ou six semaines avant la floraison des principales fleurs mellifères, il importe beaucoup de stimuler la ponte de la mère, par une nourriture légère et continue, que l'on cesse de donner pendant les jours qui permettent aux abeilles de recueillir aux champs le pollen nourricier.

L'on ne doit commencer de stimuler la ponte que lorsque les abeilles en ont donné elles-mêmes le signal, en rapportant du pollen, à moins que l'on ne s'adonne à l'élevage des mères.

La nourriture stimulante se donne de préférence par le haut. (Page 124.)

Dans certaines localités, on a conservé l'usage vicieux de tailler les ruches à cette époque de l'année; cette récolte printanière se pratique de différentes manières et d'une façon plus ou moins désastreuse. Dans quelques pays, on rogne les rayons jusqu'au couvain et jusqu'aux provisions ; dans d'autres, on va jusqu'à faire une récolte de miel sur le superflu laissé par les abeilles. On ne sausait trop mettre les apiculteurs en garde contre ces mauvaises pratiques. (Page 90.)
Dans les 15 derniers jours, en Algérie et dans le Midi, il est temps de pratiquer l'esssaimage anticipé.

2e TRIMESTRE

Avril, Mai, Juin.

Plus on avance en saison, plus les soins se multiplient et prennent de l'importance.

Avril, dans nos contrées, précède le mois de la grande floraison. Les approches de l'essaimage, de la récolte, de toutes les grandes opérations apiculturales, préoccupent le praticien attentif. Il redouble de soins pour activer la ponte par le nourrissement artificiel, il en suit attentivement le développement, afin d'opérer l'essaimage avant la ponte des œufs maternels (page 124), ou bien afin de s'adonner aux travaux de l'élevage, s'il a choisi cette spécialité.

Dès les premiers jours de ce mois, la flore du midi de la France et de l'Algérie se développe : c'est le commencement de l'essaimage dans ces contrées.

Agrandir les ruches par le bas, si l'on veut obtenir des bâtisses, les agrandir par le haut, si l'on veut du miel de choix. Ces opérations doivent se faire 15 jours environ avant la grande sécrétion du miel. Se servir de bâtisses pour obtenir beaucoup de miel, se servir de calottes ou de cadres vides, pour avoir du miel appétissant; le miel de table ne peut se présenter que dans des rayons frais, car il ne suffit pas qu'il soit bon, il faut encore qu'il ait de l'œil. L'on doit toujours se régler pour agir d'après les ressources florales de la localité que l'on habite.

Mai est le mois de l'essaimage dans beaucoup de lieux, notamment dans le Midi. Il commence vers le 10 aux environs de Paris, dans le Gâtinais, la Champagne, la Bourgogne. Floraison du sainfoin.

Continuer à alimenter les ruches chargées de couvain, si le temps ne permet pas aux abeilles de butiner. Agrandir les ruches dont on ne veut pas d'essaims (page 187), calotter les essaims au moment où l'on vient de les forcer, particulièrement les essaims secondaires. Les rayons qu'ils donnent sont toujours de qualité supérieure. Calotter également les souches qui les ont donnés.

Forcer les essaims lorsque les abeilles sont aux champs. Si par l'effet d'un orage ou d'un abaissement subit de la température, elles étaient rentrées lorsque l'opération s'achève, il serait *nécessaire* de *ménager* la souche et bien se garder de l'épuiser, parce que, dans ce cas, les effets de la permutation ne pourraient se faire sentir de suite, le couvain se trouverait dégarni, et la ruche serait en danger d'être pillée. Quoique ce danger ne soit pas à redouter lorsque le temps est beau et que les abeilles sont à butiner, parce que la permutation produit instantanément le repeuplement, on doit cependant agir avec prudence; la raison en est bien simple : l'essaim mis à la place de sa mère, se fortifie toujours assez, s'il est précoce; il est donc prudent et même avantageux de ménager celle-ci, parce que plus elle sera forte, plus elle produira. L'essentiel pour la réussite est de faire monter la mère dans l'essaim; une fois qu'elle y est, on peut enlever le groupe aussitôt qu'on le juge assez fort.

Pour s'assurer de la présence de la mère dans l'essaim, on peut le faire à ciel ouvert. On soulève d'un côté le vaisseau qui doit recevoir l'essaim, de telle sorte qu'il ne touche plus à la souche que par un seul point, vers lequel les émigrantes se dirigent bien vite; elles forment une sorte de procession où il est facile de voir la mère.

Ou bien on étend sur le sol un morceau d'étoffe de couleur sombre, sur laquelle on pose l'essaim ; les œufs que la mère laisse échapper tombent bientôt et affirment sa présence ; mais ce second moyen ne peut être appliqué aux essaims secondaires qui n'ont pas de mère pondeuse, ni à tout essaim mis en bâtisse.

On peut encore faire tomber l'essaim à terre, et placer près de lui la ruche qui le contenait : les abeilles se forment bientôt en colonne pour regagner leur demeure ; en reculant un peu la ruche, la colonne s'allonge et la mère, facile à reconnaître, peut être vue et saisie.

En dehors de ces procédés, le praticien juge sûrement à la manière dont les abeilles montent et se groupent, si la mère est avec elles. La montée rapide et le bon tassement sont des signes révélateurs et sûrs.

Résumé des travaux à ce moment décisif. — Dans les temps qui précèdent la grande ponte, il est important, comme nous l'avons dit, de la préparer et de la développer par le nourrissement artificiel (page 124), et au moment où elle va commencer, il faut que toutes les ruches vivaces aient de fortes bâtistes. Visiter les ruches lorsque le sainfoin boutonne (c'est-à-dire lorsque les principales fleurs mellifères locales vont fleurir) ; et aussitôt que les premiers boutons s'entr'ouvrent, opérer celles qui sont préparées. Elles sont préparées : si la population est forte, si le couvain est nombreux. Commencer l'essaimage par les plus fortes, et suivre graduellement ; permuter de suite, à chaque extraction d'essaim. De deux ruches bien préparées, tirer l'aissaim de la plus faible, et garder la plus forte pour la permutation.

Extraire le deuxième essaim le quatorzième jour après le premier ; récolter entièrement les souches essaimées, du vingt-unième au vingt-cinquième jour après la sortie de l'essaim primaire. Procéder ainsi sur toutes les ruches, au fur et à mesure qu'elles se préparent, sans avoir égard à leurs poids et cela pendant toute la durée de l'essaimage naturel ; s'arrêter aussitôt qu'il cesse.

Le jour de la récolte des souches doit être aussi celui de l'extraction du premier essaim des permutées, si l'année le permet. Ces permutées, devenues mères à leur tour, prennent la place des ruches récoltées, et reçoivent leurs trévas, qui les fortifient. Quatorze jours après, elles donnent aussi leur deuxième essaim, s'il y a encore miellée. A ce deuxième essaim, ces nouvelles mères prennent la place des forts essaims primaires.

Juin. — Juin arrive, et avec lui des soins nouveaux viennent s'ajouter à ceux que mai réclame ; c'est encore l'essaimage.

Aussitôt la première miellée passée, il importe de se hâter de fortifier, par des réunions, toutes les colonies faibles qui n'ont pas de provisions suffisantes, afin de leur donner la force de profiter des dernières ressources florales, pour arriver à la saison morte dans de bonnes conditions d'hivernage.

Pendant que l'essaimage se produit, pendant que la

miellée donne, on ne doit pas détourner son attention des *ruches-souches* rendues orphelines. Toutes celles que l'on ne veut pas conserver pour la campagne prochaine, doivent être récoltées entre le vingt-unième et le vingt-cinquième jour, à partir de l'orphelinat, parce qu'à ce moment elles sont *sans couvain,* et celles que l'on réserve, doivent être examinées avec soin, de façon à acquérir la certitude qu'elles ont une mère.

Inutile d'ajouter encore que la flore seule met un terme à ces travaux ; c'est elle qui guide l'apiculteur : elle lui dit s'il faut agir ou s'arrêter. Dans telle contrée, il n'y a plus à la fin de juin ni un essaim à espérer, ni une goutte de miel à attendre, tandis que dans d'autres, la richesse mellifère se continue, ou même ne commence qu'à se manifester.

Fondre la cire en branche le plus souvent possible, pour que la teigne ne puisse la dévorer.

Continuer la récolte du miel de toutes les souches, au fur et à mesure qu'elles se trouvent sans couvain (page 117); on prend le superflu des ruches souches que l'on veut conserver, et cela avec modération; ne pas ajourner cette opération. Plus on récolte tôt, plus on y gagne : le miel est meilleur, parce qu'il provient des premières fleurs; il est plus abondant, parce qu'il n'est pas diminué par la consommation forcée qui se fait toujours après la miellée.

Récolter toujours les ruches qui possèdent de vieilles mères, et conserver soigneusement celles qui en ont de jeunes.

Veiller attentivement à la sortie des essaims, si l'on ne pratique pas l'essaimage artificiel; réunir les essaims faibles, fortifier toutes les ruches qui en ont besoin.

Continuer l'essaimage artificiel des ruches attardées, faire essaimer les ruches permutées, soit pour leurs essaims, si la saison s'y prête, soit afin de faire tomber leur couvain pour les récolter à jour fixe.

Lorsque la saison est avancée ou mauvaise, permuter, faire essaimer ou récolter les essaims primaires devenus forts, possédant de vieilles mères, afin de les empêcher de donner des réparons qui les épuisent.

Lorsque les colonies tuent leurs mâles ou en jettent les larves à la porte, il devient inutile d'extraire le deuxième essaim le quatorzième jour, car il ne sortira pas naturellement. Lorsque la miellée principale est passée, il est inutile de permuter les ruches que l'on fait encore essaimer dans le but de les récolter sans couvain, parce qu'il importe peu alors que la population soit forte ou non, puisqu'il n'y a rien à faire, la permutation ayant pour objectif de fortifier les populations en vue de la récolte.

Dès la fin de ce mois, il faut se hâter de réunir les essaims faibles avec les ruches qui n'ont pu se refaire et de récolter les ruches bourdonneuses.

Fondre les cires, ne pas les laisser en tas, elles s'échauffent et les vers s'en emparent.

3e TRIMESTRE

Juillet, Août, Septembre.

Juillet. — Continuer la récolte de miel, comme il est dit, à mesure de la disparition du couvain. Fortifier les colonies faibles qui n'ont pas encore été fortifiées ; il est essentiel que les ruches conservées soient encore à cet instant fortement peuplées.

Achever les derniers trévas, les rendre forts par des réunions, et les transporter, ainsi que les ruches, aux sarrasins ou aux bruyères.

Essaimage dans les contrées de blé noir. Pratiquer l'essaimage artificiel sur les ruches préparées.

Août. — Mener les ruches aux sarrasins et aux bruyères, si l'on a cette ressource. Achever la récolte du miel blanc. Réunion des colonies négligées. Essaimage dans les grandes contrées du sarrasin et des bruyères, en Sologne, en Bretagne.

Septembre. — La moisson des étouffeurs s'achève, et déjà il convient de songer aux précautions à prendre pour l'hivernage (page 150) ; procéder aux réunions de fin d'année.

Avoir bien soin que les cires, des deux ruches réunies se raccordent et se touchent. Dans les réunions, la partie supérieure doit toujours contenir la plus jeune mère.

Fin du mois. — Commencer le nourrissement, pour compléter les provisions. (Page 124.)

Achat de ruches à conserver ; choisir celles dont les populations sont nombreuses et bien groupées, etc.

Abriter les ruches, renouveler les surtouts, etc.

Octobre. — Ramener les ruches de la bruyère, réunir celles qui n'ont pu faire leurs provisions, de façon à en former de bonnes colonies, ou bien les donner en supplément aux colonies qui peuvent en avoir besoin.

Compléter les provisions par le nourrissement.

Achat de ruches à conserver.

Novembre. — Se hâter d'achever l'hivernage des ruchées, finir le nourrissement, les réunions, etc., consolider les ruches, les abriter avec soin contre le froid et la pluie, prendre des précautions contre les attaques des rongeurs, placer le miel non vendu dans un lieu sec.

Transport des ruches, rangement dans le rucher, pesage et numérotage, organisation provisoire, enlever les hausses supplémentaires, suspendre les bâtisses aux toits des hangars ou des greniers, pour assurer leur conservation.

Décembre. — Laisser les ruches au repos, approprier les ruchers et se livrer à tous les travaux d'entretien et de conservation.

Ne pas calfeutrer les ruches, laisser les entrées libres pour permettre aux abeilles de se vider et de prendre l'air. Transporter les ruches, les changer de place, etc.

Produits des ruches. — Les praticiens champenois obtiennent 8 à 10 kilog. par ruche récoltée ; ils s'estiment heureux lorsqu'ils récoltent la moitié de leurs ruches, nous ne parlons pas des routiniers. Les producteurs renommés du Gâtinais obtiennent environ 15 kilog. par ruche, mais comme ils ne récoltent pas d'essaims, ils sont obligés d'acheter de nouvelles colonies, ce qui réduit singulièrement leurs bénéfices.

Les procédés que nous enseignons dans l'Aube, sous le patronage de la Société d'Apiculture, nous donnent 12 à 15 kilos de miel, et 1 de cire au moins par ruche, et comme chaque ruche récoltée est remplacée par un essaim, le produit est en raison des essaims obtenus, qui en bonne année renouvellent complètement le rucher.

Par conséquent, si, en bonne année, la pratique actuelle récolte la *moitié* de ses ruches, nous récoltons la *totalité* des nôtres, et nous les récoltons *plus lourdes*.

Or, si de cent ruches en pratique usuelle on en récolte 50 à 10 kilog., le produit est de 500 kilog.; nous en récoltons cent à 15 kilog., qui produisent 1,500 kilog.!... Voilà où nous en sommes.

Les perfectionnements *acquis* assurent désormais à l'apiculteur des produits certains de 75 à 100 pour 100.

Nous ne pouvons fermer ce livre sans payer un juste tribut de reconnaissance aux amis bienveillants qui nous ont conseillé, aidé, encouragé ; nous devons particulièrement remercier M. Hamet, qui a été rempli d'obligeance à notre égard.

TABLE DES MATIÈRES

Nogent-sur-Seine, imp. Faverot.

TRAITÉS D'APICULTURE

COURS PRATIQUE D'APICULTURE, par H. Hamet, Professeur d'Apiculture au Luxembourg, rue Monge, 59. — 4e édition. — Prix . . . 3 fr. 50

GUIDE DU PROPRIÉTAIRE D'ABEILLES, par M. l'Abbé Colin, Chanoine à Nancy (Meurthe). — 4e édition.

CALENDRIER APICOLE, par MM. Hamet et Colin. — Prix . . . . 50 c.

ÉLEVAGE DES ABEILLES, par M. de Layens. Librairie Gouin, rue des Ecoles, à Paris. — Prix . . . . 2 fr. 50

PUBLICATIONS APICOLES

BULLETIN DE LA SOCIÉTÉ D'APICULTURE DE L'AUBE, créé en 1865, sous la direction de M. Vignole, Président, paraît tous les trois mois. Prix : 3 fr. par an. Bureau à Troyes.

L'APICULTEUR, journal des cultivateurs d'abeilles, fondé en 1856, et dirigé par M. Hamet, paraît tous les mois. — Prix : 6 fr. par an, rue Monge, 56.

LE RUCHER DU SUD-OUEST, revue mensuelle. Directeur, M. Drory, à Bordeaux, rue de Nuyens, 32, organe du mobilisme.

NOGENT-SUR-SEINE, IMP. FAVEROT.

www.ingramcontent.com/pod-product-compliance
Ingram Content Group UK Ltd.
Pitfield, Milton Keynes, MK11 3LW, UK
UKHW022052260726
13993UKWH00001B/69